FLIGHT

飞机
视觉史

FLIGHT

[英] 扎克·斯科特 —— 著

李慕尧 —— 译

ZACK SCOTT

天津出版传媒集团

天津科学技术出版社

前言

如今的航空业是一个由大型航空公司、政府和国防承包商领导的价值数十亿英镑的产业。低至海平面，高至大气层，穿过两极、海洋和沙漠，飞机已经能够到达地球的每一个角落。当你阅读本书时，成千上万架飞机正在空中飞行，每秒钟就有 3 架飞机降落或起飞。然而，尽管飞机如此普及，并且与国际商业世界联系紧密，但航空业仍保持着一种独特的神秘感。

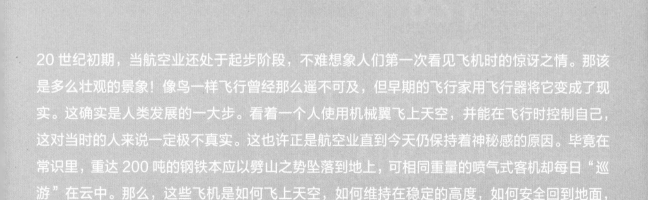

20 世纪初期，当航空业还处于起步阶段，不难想象人们第一次看见飞机时的惊讶之情。那该是多么壮观的景象！像鸟一样飞行曾经那么遥不可及，但早期的飞行家用飞行器将它变成了现实。这确实是人类发展的一大步。看着一个人使用机械翼飞上天空，并能在飞行时控制自己，这对当时的人来说一定极不真实。这也许正是航空业直到今天仍保持着神秘感的原因。毕竟在常识里，重达 200 吨的钢铁本应以劈山之势坠落到地上，可相同重量的喷气式客机却每日"巡游"在云中。那么，这些飞机是如何飞上天空，如何维持在稳定的高度，如何安全回到地面，整个过程又是如何被反复完成的？本书将为你揭开这些神秘的面纱。

目录

飞行的

理论基

础

早期的航空先驱用他们的精神和身体扩展了人类在飞行领域的边界。这些梦想家经常冒着生命危险测试他们的试验机。在这个冒着受伤乃至死亡危险的过程中，每一次尝试，都使他们对飞行力学有了更深入的理解。如果没有这些无畏的先驱者，天空将是人类永远触不可及的梦。

为了深入了解发明飞机之前人类在飞行方面取得了怎样的成就，本书将首先介绍一些早期的滑翔机。这些先驱飞行爱好者获得的宝贵经验和信息继续激励着其他人，并在合适的发动机出现后影响了动力飞行器的设计。

本书首章还包含了一些可以解释飞行基本原理以及机翼如何产生升力的理论，这些理论可以追溯到远至18世纪的物理学家的研究。正是对这些理论的理解和将其付诸实践的能力，使早期的飞行员学会了征服天空。那些在动力飞行最初几年制造的几乎无法辨认的试验机，没过多久就被更先进的与现今飞机外形更相似的飞机取代了。这些飞机采用的基本的控制系统，在接下来的一个世纪甚至更长的时间里占据着飞机设计的主导地位。

最初的"鸟人"

早在第一架飞机升空之前，人类就已经痴迷于飞行了，而"鸟人"就是最真实的例证。这些无畏的灵魂借助自制的梦幻翅膀尝试与雄鹰共同翱翔，可是对他们当中的大多数人来说，勇气并没有带来梦想的实现，反而令他们魂归尘土。尽管"鸟人"们的尝试很难给航空领域带来真正的推动，但他们的勇气仍值得赞颂。

英国马姆斯伯里小镇的一名修道士埃尔莫（Eilmer of Malmesbury）完成了人类对飞行的早期探索。他博览群书，对数学和占星学有着深入的研究。大约在公元 1000 年，智力超群的埃尔莫决定绑着自己手工缝制的布艺翅膀从修道院的塔楼上纵身跳下。这座塔楼据估计有 45 米高（原先的塔楼已不复存在），埃尔莫最终落在距离塔楼超过 200 米远的地方，摔断了腿。埃尔莫的这一跳堪称非凡，不过显然"落地"不够理想，因为他的余生都将在伤痛中度过。

同样遭遇不幸的还有出生在哈萨克斯坦的伊斯梅尔·伊本·哈马德·艾尔-贾哈里（Ismail ibn Hammad al-Jawhari）。他曾是一名学识渊博的词典编撰者。有记录显示，伊斯梅尔摆脱地心引力的尝试就发生在他与死神擦肩而过的那几年内。在新千年初决定性的一天，伊斯梅尔爬上了尼沙普然清真寺的屋顶。据说，在向前来见证这一事件的民众慷慨陈词一番后，他从尖顶上一跃而下。不幸的是，他的木制翅膀没能发挥预期的作用，以致他坠地身亡。

诸如此类的梦想家的故事不胜枚举。从拥有传奇故事的国王到巧夺天工的艺术家，从佩金戴紫的贵族到德行高尚的僧侣，没有人能抵御飞行带来的诱惑和遐想。古今中外，渴望飞行的人们克服生存的本能，为完成飞行这个"超人"的壮举而以身试险，他们的付出终将得到回报。

随着时间的推移，一些人采取了更加科学的方法来面对飞行这个主题。到了 15 世纪，巨匠列奥纳多·达·芬奇在观察鸟类行为后，以精妙的构思破解了将人带离地面的千古难题。虽然这些构想最终未能实现，但与迷信于翅膀或意念的飞行方式相比，达·芬奇设想的装置更具实用性。

然而，尽管人类已经攻入科学领域，但"鸟人"们还在无休止地尝试，并把自己摔得七荤八素。直到 18 世纪末英国工程师乔治·凯利将注意力转向飞行，航空才取得了真正的进展。

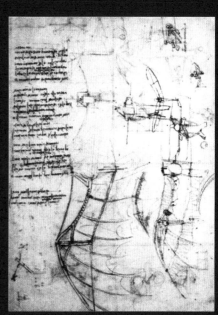

达·芬奇设计的飞行器草图

乔治·凯利的滑翔机

在孩童时代，乔治·凯利看到了蒙特哥菲尔兄弟放飞热气球的壮举后深受激励，将研究飞行原理定为一生的目标。在校期间，他逐步发展了属于自己的升力和飞行理论。之后，他潜心钻研，制作并测试属于他自己的风筝和滑翔机，并于 1810 年发表了著作《论空中航行》（*On Aerial Navigation*）。他的诸多成就包括发现了弧形翼型如何使升力最大化，以及创造了第一架成功载人的滑翔机。

凯利一生谨慎，方得善终，而下面这一位就没有这么幸运了，他就是"鸟人"故事中最后一个出场的人物。

奥托·李林塔尔于 1848 年出生在德国的一个中产阶级家庭，后来被称为"飞人"。他一生痴迷于飞行。在很小的时候，他和兄弟就会为彼此制作翅膀然后绑在身上，但直到 19 世纪的最后 10 年，他才取得了比凯利更有实质性的进展。李林塔尔第一次尝试载人滑翔是在 1891 年，当时的滑翔距离只有 25 米左右，但仅仅几年之后，他就达到了 250 米的距离。19 世纪 90 年代，李林塔尔进行了超过 2000 次载人滑翔，虽然累积的飞行时间可能只有 5 小时，却使他成为当时世界上最有经验的飞行员之一。不幸的是，在 1896 年的一天，他的滑翔机失去了控制。在大约 15 米的高度时，滑翔机突然下坠，他被抛至地面，强大的冲击折断了他的脊椎。他在摔伤一天半之后去世，临终前给弟弟留下了遗言："总要有人牺牲的。"

奥托·李林塔尔
1895 年

早期飞行器

风筝 公元前 5 世纪

风筝发明于中国，最初是用丝绸和竹子制成的。几个世纪以来，它们被用于发信号、测风和辅助测量距离。

竹蜻蜓 公元前 4 世纪

最早的竹蜻蜓源自中国，由一根竹棍和一对"翅膀"组成。在手掌间快速搓动竹棍，然后松手，这个玩具就会飞到空中。

孔明灯 公元 10 世纪

中国人最早把热气上升理论付诸实践。孔明灯的用途与风筝相似，常用于军事通信。

载人风筝 公元 4 世纪

载人风筝被用于娱乐、侦察乃至处决犯人。它和上述几个发明一样都源于中国。

热气球 1783 年

1783 年 6 月 4 日，世界上第一个搭载生命的热气球载着一只鸭子、一只公鸡和一只羊升上了天空。该热气球由蒙特哥菲尔兄弟在法国制造，同年晚些时候他们开始载人飞行。

飞船 1852 年

飞船亦称"飞艇"。第一艘可操纵的飞艇也是在法国发明的。飞艇的气球内充满氢气，有一个小型蒸汽机驱动螺旋桨以推动飞艇运动。

滑翔机 1853 年

尽管之前几个世纪，人们曾多次尝试制造滑翔机，但乔治·凯利的滑翔机是第一架运行可靠的滑翔机。

飞行中的
四个力

飞机在飞行过程中，既有使它保持在空中的力，也有阻碍它飞行的力。这些力是由乔治·凯利（参见本书"最初的'鸟人'"章节）在 19 世纪初首次发现的，它们的发现为之后所有飞机的设计奠定了基础。

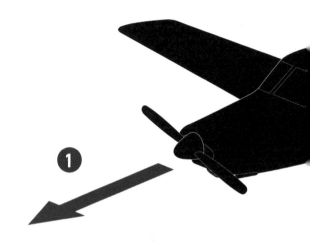

❶ 推力
推力对动力飞行来说是必不可少的，因为它是推动飞机在空气中前进的力。如果没有推力，飞机就无法起飞，也无法在飞行时保持速度。

❷ 升力
当空气以一定速度流过机翼时，机翼产生升力。升力通常相对于机翼向上作用，并在发动机推动飞机前进时维持飞机的飞行高度。

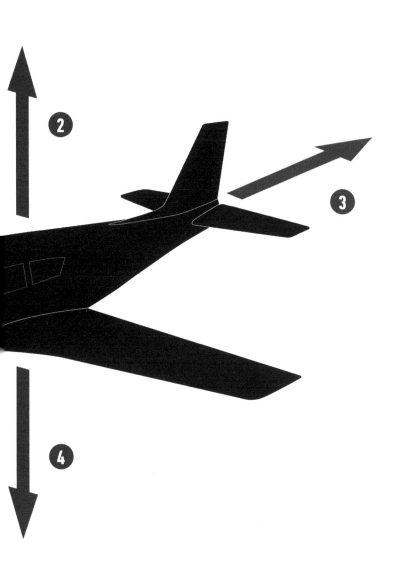

❸ 阻力

阻力的作用方向与飞机的飞行方向相反。它是飞机
在大气中飞行时，空气对飞机的反作用力。

❹ 重力

地球引力使所有的物体都有重力。重力总是竖直向
下指向地心。为使飞机飞离地面，飞机的重力不能
大于它所产生的升力。

压力如何作用

在深入研究机翼如何产生升力的原理之前，了解气体（包括空气）是如何运动的十分重要。通过了解气体的特性，我们就可以明白它如何与环境相互作用，以及它对环境施加的力，也就是我们所说的压力。

碰撞

同所有物质一样，气体是由分子构成的。在固体中，分子被紧紧包裹在一起，形成一种刚性结构。而在气体中，分子之间距离较远，可以自由运动。因此，它们能随机扩散，填满容器的全部角落，在这个过程中，分子会与容器壁发生碰撞。分子与容器壁的碰撞就像把球扔向物体一样，每次都会产生一个力，但作用范围要小很多。我们称所有这些碰撞产生的作用力为压力，用这个术语来解释有多少力作用于某一特定区域上。

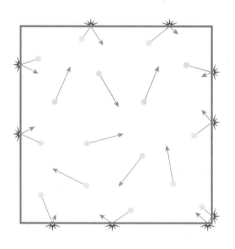

大气压力

不同于上图中密闭盒里的压力情况，整个地球大气层的压力并不相等，这是因为地球大气层存在密度变化。受上层空气重量的影响，靠近地球表面的空气压缩得更多，因此这里的分子碰撞更为频繁，压力更大。在飞机的设计和飞行过程中，了解大气压力的波动至关重要。飞得太低会缩短飞机的航程，因为密度较大的空气会产生更多的阻力，降低燃油效率；飞得太高，发动机将没有足够的空气来运转，或者机翼上没有足够的空气来产生升力。

地球表面

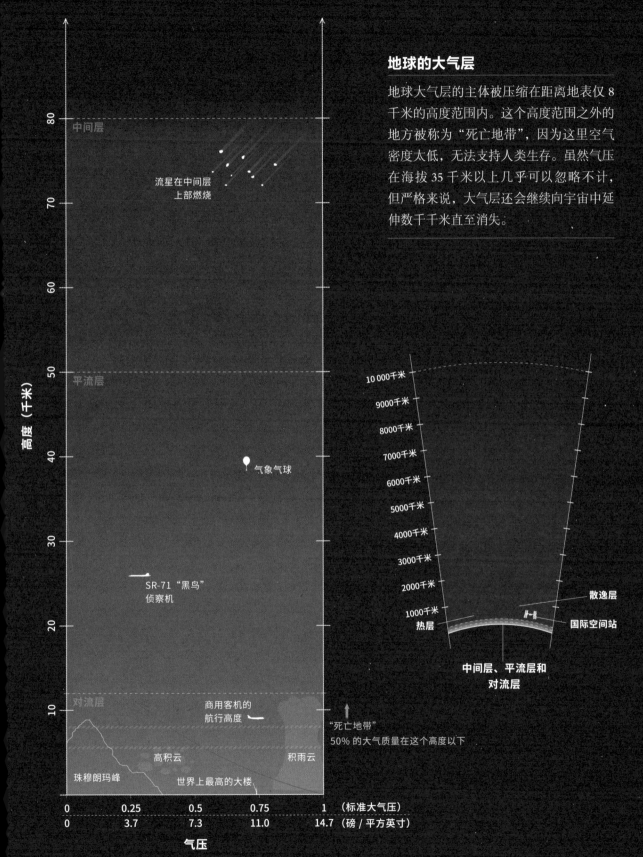

地球的大气层

地球大气层的主体被压缩在距离地表仅 8 千米的高度范围内。这个高度范围之外的地方被称为"死亡地带"，因为这里空气密度太低，无法支持人类生存。虽然气压在海拔 35 千米以上几乎可以忽略不计，但严格来说，大气层还会继续向宇宙中延伸数千千米直至消失。

中间层

平流层

流星在中间层
上部燃烧

高度（千米）

气象气球

SR-71 "黑鸟"
侦察机

10 000千米
9000千米
8000千米
7000千米
6000千米
5000千米
4000千米
3000千米
2000千米
1000千米
热层

散逸层

国际空间站

中间层、平流层和
对流层

对流层

商用客机的
航行高度

"死亡地带"
50% 的大气质量在这个高度以下

高积云

积雨云

珠穆朗玛峰

世界上最高的大楼

| 0 | 0.25 | 0.5 | 0.75 | 1 | （标准大气压） |
| 0 | 3.7 | 7.3 | 11.0 | 14.7 | （磅／平方英寸） |

气压

升力如何产生

升力理论最早出现于 18 世纪，当时科学家们将注意力转向了新兴的流体动力学领域。在接下来的两个世纪里，这些理论得到了发展和完善，最终形成了如今我们对固体和流体相互作用的理解。

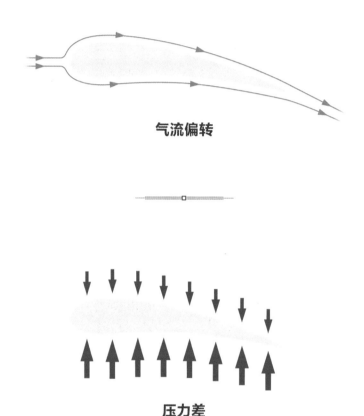

气流偏转

压力差

两个原理

为了使飞机保持在空中，必须有足够的升力来抵消飞机向下的重力。通常在描述升力时只给出一种解释，但若要完全掌握机翼的工作原理，就必须理解两个概念：机翼如何使气流偏转；机翼如何在其下方产生高压空气，在其上方产生低压空气。当速度明显低于 1 马赫（声速）时，这两个概念都会发挥作用；但当速度接近 1 马赫时，气流偏转就成了升力产生的主要因素。因为空气在更高的速度下会变得可压缩，并影响机翼的工作方式，所以一旦成功突破"声障"，气流偏转就成了升力产生的唯一手段。（在后面的章节中会做详细介绍）

气流偏转

机翼通过改变气流方向来产生一部分升力，它们的形状迫使一部分气流向下流动。根据牛顿第三运动定律，每一个作用力都有与之大小相等、方向相反的反作用力，空气由此对机翼施加了一个向上的力。可以想象这样的画面：在以较快速度行进的过程中伸出手，当你把掌心朝下时，不会感受到多少向上或向下的力，但当你把手掌的前缘向上倾斜时，迎面而来的空气会把手掌向上推。这就是空气给向下移动的手掌的反作用力。

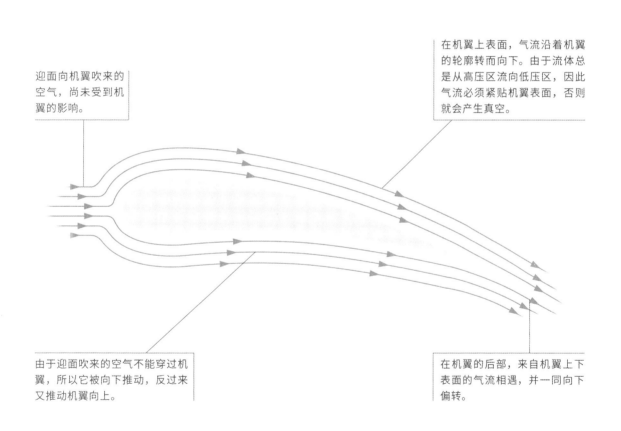

迎面向机翼吹来的空气，尚未受到机翼的影响。

在机翼上表面，气流沿着机翼的轮廓转而向下。由于流体总是从高压区流向低压区，因此气流必须紧贴机翼表面，否则就会产生真空。

由于迎面吹来的空气不能穿过机翼，所以它被向下推动，反过来又推动机翼向上。

在机翼的后部，来自机翼上下表面的气流相遇，并一同向下偏转。

在这张图中，机翼的角度是飞机水平直线飞行时的典型角度。之后，我们还将看到改变机翼角度如何影响升力和阻力。

压力差

为描述移动的机翼如何在其上下两面产生不同的压力，首先必须理解伯努利原理。

丹尼尔·伯努利是瑞士数学家、物理学家，他在流体动力学（特别是水在不同情况下的流动方式）方面做出了开拓性的研究。1738 年，他在《流体动力学》（*Hydrodynamica*）一书中公布了自己的发现，这本书的拉丁标题后来被改写为"*hydrodynamics*"，该术语被广泛应用于流体动力学领域。尽管伯努利在他的实验中使用的是液体，但他的发现也普遍适用于气体。在更高的速度下（大约超过 0.3 马赫），大气中的空气将会被压缩，上述发现将不再适用。因为伯努利的原始方程只适用于密度不变的流体。伯努利在研究中观察了水流通过收缩管道时的现象。他首先注意到，水在收缩的区域流动更快。这对大多数人来说都是显而易见的，比如：一条宽阔而缓慢流动的河流在较窄的河段会出现加速的情况；使用软管时，通过挤压末端可使水喷射得更快。真正隐藏的问题是，流体速度的变化如何影响其压力。

伯努利原理

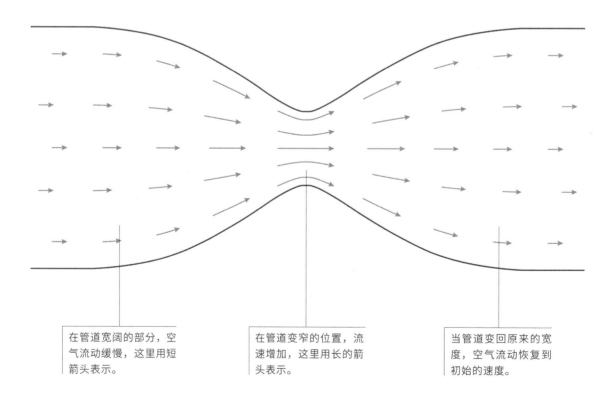

在管道宽阔的部分，空气流动缓慢，这里用短箭头表示。

在管道变窄的位置，流速增加，这里用长的箭头表示。

当管道变回原来的宽度，空气流动恢复到初始的速度。

伯努利推断，当流体加速时，它对周围环境施加的压力会减小。我们通过下图对上述推断加以描述，图中分别描绘了两个装有静止和流动液体的管道。

无总体流动

此处流体的总流速为 0。如前所述，分子会自由地随机运动，并有规律地与周围管壁发生碰撞。每一次碰撞都会产生一个力，因此一定量的压力被施加在了管壁上。

整体向右流动

此处液体正流过管道。虽然不是所有分子都精确地向右运动，但液体的流动方向是分子的主要运动方向。这就减少了分子与管壁的碰撞，即便发生碰撞，也更有可能以一个较平滑的角度（更像是擦过管壁）。上述作用导致总压力降低。

文丘里流量计

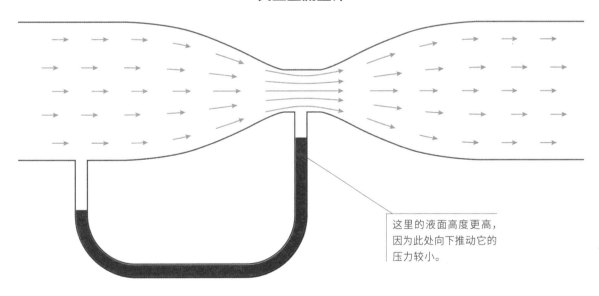

这里的液面高度更高，因为此处向下推动它的压力较小。

上图所示的是文丘里流量计的横截面，文丘里流量计是一种直观展示伯努利原理的装置。在这个例子中，流经管道的流体只有空气，而 U 形管中储存的是液体。如果管道内的空气不流动，那么 U 形管两端的液面高度相同。然而，当空气在管道内流动时，U 形管中的液体被引到低压区，空气的流速在这个区域更快。

压力差（接上）

既然我们已经知道流体运动得越快对周围环境施加的压力就越小，那么我们就能明白为什么机翼会被设计成现在的形状了。机翼上方的空气流动速度要比下方的快，这样机翼下方就有一个高压区，而上方则有一个低压区。如果达到这个效果，那么将有一个向上的整体的力作用在机翼上。通过多年的反复实验、风洞测试，以及近年来的计算机模拟，工程师们已经制造出了可以使气流达到上述效果的翼型，即增加机翼上方的空气流速，同时防止下方的气流加速。通常机翼的上表面比

下表面有更大的弧度（曲度），它的作用类似于文丘里流量计中的缩窄的管壁。这里的空气必须流动得更快才能符合流体动力学定律。在机翼下表面，一个平坦的表面意味着气流的流动路径受限（压缩）更少，因此空气不必加速很多。然而，机翼下表面稍微弯曲也是有利的，因为它可以确保来自上方和下方的气流在相遇的地方沿着相同的方向流动。如果两股气流以一个尖锐的角度相遇，就会导致机翼后部产生紊流，从而增加阻力。

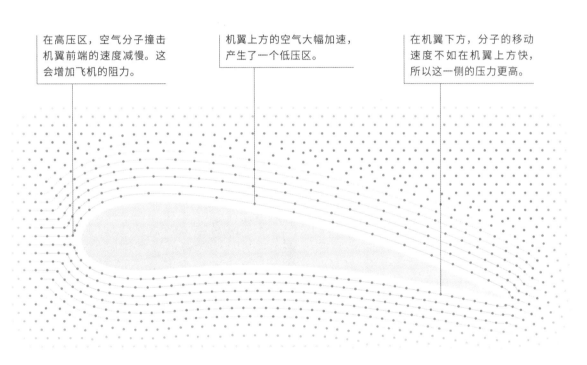

在高压区，空气分子撞击机翼前端的速度减慢。这会增加飞机的阻力。

机翼上方的空气大幅加速，产生了一个低压区。

在机翼下方，分子的移动速度不如在机翼上方快，所以这一侧的压力更高。

在图中，空气相对于机翼的速度用蓝点表示，蓝点越稀疏表示其流动越快。请不要将蓝点的疏密与气体的密度概念混淆，在声速以下我们可以认为空气是不可压缩的。

上图描绘的是亚声速飞机典型的弧形翼型。在更高速的状态下，空气的表现则大不相同，而适合在这种条件下飞行的翼型就会体现这一特点。可以比较负责地说，如果你看到一架飞机有相当厚的弧形机翼，就像我们之前介绍的一样，那么它就不能高速飞行。

图中的机翼在一个风洞中，风洞同时释放出烟流。这张照片是在烟流到达机翼前缘后拍摄的，显示出烟流在机翼上表面的移动距离比下表面的远。这可以直观地证明气流在机翼上方的流速比在机翼下方快。

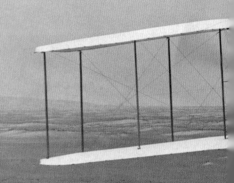

第一架飞机

这张珍贵的照片捕捉到了一个历史性的时刻，照片中的莱特兄弟成功完成了人类历史上首次完全由飞行员控制的、动力驱动的、重于空气的航空器的飞行。飞机刚刚从弹射滑轨上升起，奥维尔·莱特趴在控制台上，他的哥哥威尔伯·莱特在一旁看着。"飞行者一号"是人类历史上的重要里程碑，开启了航空创新的新纪元。

飞行者一号
1903 年
12 月 17 日
上午 10:35

莱特 兄弟

作为第一架飞机的发明者和创造者，威尔伯·莱特和奥维尔·莱特将可持续载人飞行的梦想变为现实，并因此闻名于世。

兄弟俩没有接受过大学教育，也没有接受过工程学方面的专业培训。无论他们最初多么不起眼，但坚持不懈地自学使两人跻身世界上最伟大创新者的行列。

威尔伯·莱特

威尔伯和奥维尔是米尔顿·莱特和苏珊·凯瑟琳·科纳·莱特的孩子，在七个孩子中分别排行老三和老六。哥哥威尔伯出生在印第安纳州的米尔维尔附近，四年后，弟弟奥维尔出生在俄亥俄州的代顿。

他们的父亲是一名传教士，家人因此跟随着他四处奔波。人们都说米尔顿是一个坚定的人，有着钢铁般的意志，但他与家人非常亲密，是一位慈爱的父亲。他们的母亲苏珊是一位在当时受过良好教育的淑女。年轻时，苏珊可以随意进出父亲的作坊，因此很早就熟练掌握了各种工具。当苏珊的孩子长大后，她为他们制作了很多玩具（这当中有一个雪橇备受孩子们珍爱），同时将手工艺的经验和知识传授给他们。

米尔顿和苏珊鼓励孩子们独立思考，追求自己的兴趣，并培养他们对世界天然的好奇心和通过实验解决问题的能力。这些特征在从小就很亲密的威尔伯和奥维尔两兄弟身上表现得最明显。

他们的大部分玩具都是两人共同拥有的，因此他们可以一起玩、一起工作、一起创造。兄弟俩长期在一起讨论他们的想法和抱负，以至于他们一生中做的每一件事几乎都是两人一起商量的结果。

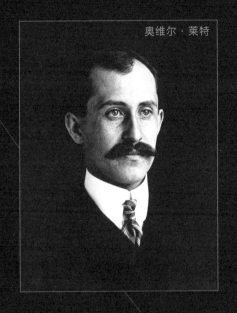

奥维尔·莱特

在兄弟俩分别长到 11 岁和 7 岁的一个晚上，他们的父亲带了一份礼物回家。这是一只简陋的竹蜻蜓，由纸、竹子、软木和橡皮筋制成。

在进家门之前，他转动桨叶以拧紧橡皮筋，准备给孩子们一个惊喜。进门时他轻轻将这个玩具抛向空中，旋转的叶片带着竹蜻蜓飞上了天花板，并随着橡皮筋的松开慢慢飘回地面。

威尔伯和奥维尔痴迷于这个玩具，还给它取了个名字叫"蝙蝠"，结果没过多久就把它弄坏了。兄弟俩凭借解决问题的能力，为自己制作了一个更大的复制品。

奥维尔·莱特在 1889 年离开学校，立志做一名印刷工。这是他一直以来的爱好，之前的两个夏天他曾在代顿的印刷店工作。奥维尔和他的哥哥威尔伯一起成立了莱特印刷公司（Wright and Wright Printers），一起为代顿民众印刷各种各样的材料，包括一些不知名的当地报纸。1892 年，作为狂热的自行车爱好者，兄弟俩开了一家自行车店，而印刷店的地位退居其次。当时，一股骑自行车的热潮席卷了全国，一种新型的"安全自行车"（也就是今天的自行车）正在逐步淘汰老式的大小轮自行车。不久，兄弟俩凭借才华在当地赢得了专业自行车修理工的美誉，开店 4 年后，他们开始自己制造自行车并售卖。

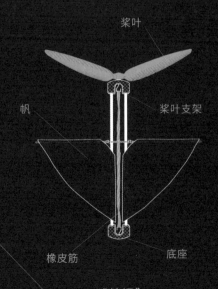

桨叶

帆

桨叶支架

橡皮筋

底座

"蝙蝠"

直到 1896 年读到著名滑翔家奥托·李林塔尔去世的消息，莱特兄弟才重燃儿时对机械化飞行的热情。随着他们在当地图书馆阅读了大量关于飞行的书籍，这种热情与日俱增，当他们消化了所有相关资料后，他们就写信给史密森学会寻求更多材料。在读完所有与飞行相关的书籍后，他们确信自己已经掌握了飞行的能力。莱特兄弟与世界上其他雄心勃勃的探索者最大的区别在于他们有非凡的分析能力。威尔伯和奥维尔推断：一架成功的飞机需要机翼来产生升力，还需要一个足够轻但推力强大的发动机，以及某种提供控制的机械装置。在当时，许多"鸟人"滑翔家都造出了性能不错的机翼，而工程师们也在研发更小更强大的内燃机，留给他们去解决的就只剩下控制的问题。

为了弄清如何操控飞行中的飞机，威尔伯和奥维尔设计了三维坐标系原理（参见本书第 44 页），该原理至今仍应用于每一架飞机上。与船类似，飞机需要一个方向舵来控制方向，还需要原理相近的升降舵来控制高度。当其他发明家一直在回避飞机滚转的问题，试图阻止他们的机载设备滚转在一起时，莱特兄弟在控制飞机滚转方面取得了真正的突破。为解决此问题，莱特兄弟设计了一个称为"扭转机翼"的系统，通过缆索拉动机翼，使其沿横轴方向扭转。这种扭转会抬高或降低机翼前缘，影响其升力，从而导致飞机倾斜。

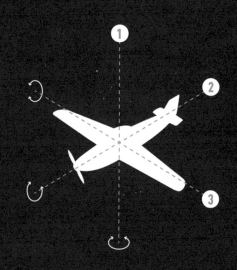

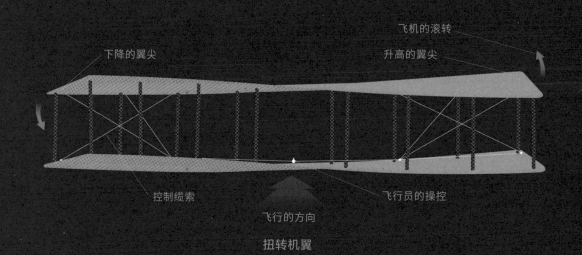

飞机的滚转

下降的翼尖　　　　　　　　　升高的翼尖

控制缆索　　　　　　　飞行员的操控

飞行的方向

扭转机翼

1902 年 滑翔机

1902 年的莱特滑翔机包含了在未来飞机设计中占主导地位的所有基本控制系统。从那时起，"扭转机翼"系统被主机翼上的铰链部件替代，但原理不变。

1899 年到 1902 年，莱特兄弟测试了一系列无动力飞机，从风筝开始，发展到有人驾驶的滑翔机。他们选择的实验地点是北卡罗来纳州的基蒂霍克，选择这里是因为有顺风条件和适合软着陆的柔软沙丘。威尔伯和奥维尔利用李林塔尔的滑翔数据进行反复实验，并从自制的风洞模型中收集数据，在每次迭代中精心打磨他们的作品。在这几年间，他们打破了所有的滑翔距离纪录，到了 1902 年，他们已经研制出一种新型滑翔机，它除了拥有"扭转机翼"系统外，还集成了方向舵和升降舵的控制。在用他们的新型滑翔机成功完成了数百次滑翔后，兄弟俩终于准备好开始动力飞行了。

1900 年

这架滑翔机基本无法产生足够的升力来支撑飞行员的重量，所以 1900 年的大多数飞行测试都是在无负重的情况下进行的，或是用一个沙袋作为压舱物。

1901 年

1901 年的型号采用了面积更大、曲率更大的机翼，它成功搭载一名飞行员滑翔了 106 米。

1902 年

莱特 1902 滑翔机的最远载人飞行纪录为 189 米，飞行持续了 26 秒。由于增设了方向舵，它比以往的型号更加稳定。

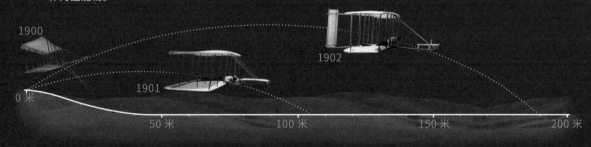

莱特滑翔机

为满足动力飞行的需求，威尔伯和奥维尔自行设计了一个发动机，并由查尔斯·泰勒完成制造，后者是一位偶尔在自行车店帮忙的机械师。这个发动机只有区区 12.5 马力，看上去似乎动力不足，但根据莱特的计算，它足以举起轻质的机身结构和覆盖在机翼上紧密编织的棉布。兄弟俩在这项尝试上没有浪费太多时间，到了第二年（1903 年），他们已经造出了莱特 1902 滑翔机的升级版，它配备了一个连接双螺旋桨的发动机。已经准备好创造历史的两人，返回了基蒂霍克。

1903 年 12 月 14 日，莱特兄弟在当地人的帮助下给飞机装上了弹射滑轨。威尔伯掷硬币赢了，于是他爬上下层机翼，在驾驶台"就位"。发射时，飞机从轨道上极速上升，之后立即失速并重重摔向地面，飞机前部的升降舵受损。

3 天后，飞机的修复工作刚刚完成，兄弟俩就已经准备好下一次尝试，这次轮到奥维尔来驾驶。1903 年 12 月 17 日清晨，随着发动机的启动和螺旋桨呼呼作响的声音，奥维尔爬上了驾驶台。他松开固定飞机的绳子，飞机开始咔嗒咔嗒地沿着弹射滑轨向前移动。在到达轨道尽头之前，这架初试的飞机从轨道上一跃而起，飞上了天空，飞入了史册。这架飞机在大约 3 米（约 10 英尺）的高度飞行了约 36.6 米（120 英尺），飞行时间 12 秒。

威尔伯和奥维尔在那一天进行了更多次的试飞，一次比一次雄心勃勃。正如兄弟俩儿时总是痴迷地摆弄"蝙蝠"玩具直到把它弄坏，如今这架飞机也是这样。在威尔伯第二次试飞时，飞机在飞行了 260 米后硬着陆，摔坏了升降舵的支架。当兄弟俩把飞机搬回起点后，一股强风把它吹翻，导致飞机损坏过重无法修理。尽管莱特兄弟这次的飞行时间累计不到 2 分钟，但他们已经证明了重量大于空气的飞机可以进行可操控的动力飞行。

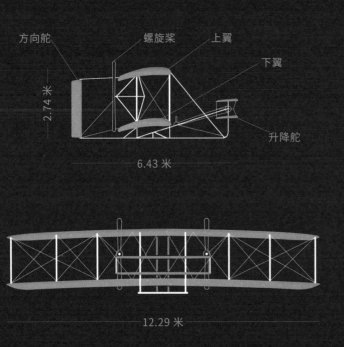

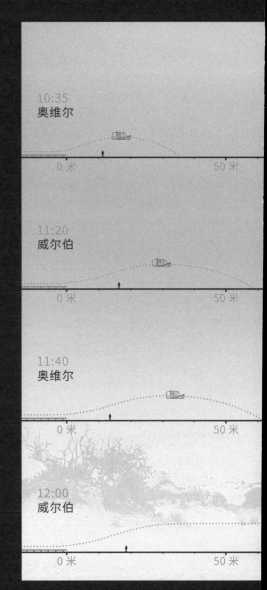

莱特兄弟的第一架动力飞机在设计上与上一年的滑翔机非常相似。虽然改变了一些尺寸，但操控位和操纵面的功能大致相似。发动机安装在飞行员所在位置旁边的下层机翼上，通过传动链与螺旋桨相连。

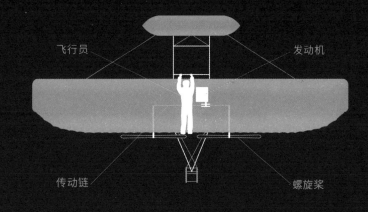

飞行员　　　　　　　　　　　　发动机

传动链　　　　　　　　　　　　螺旋桨

1903 年 12 月 17 日
"飞行者一号"的飞行距离

36 米

100 米	150 米	200 米	250 米

59 米

100 米	150 米	200 米	250 米

61 米

100 米	150 米	200 米	250 米

260 米

100 米	150 米	200 米	250 米

飞机的
主要部件

在人类首次的动力飞行后不久，世界各地的模仿者和创新者开始以更强的竞争力加入到飞行的行列中。莱特兄弟完成飞行成就后的 5 年内，设计师们将升降舵移到了飞机的水平尾翼上，于是飞机开始呈现出如今人们更熟悉的一种外观。此外，不同于"飞行者一号"将螺旋桨安装在机翼后部的设计，更多的发动机开始被安装在飞机的前部。

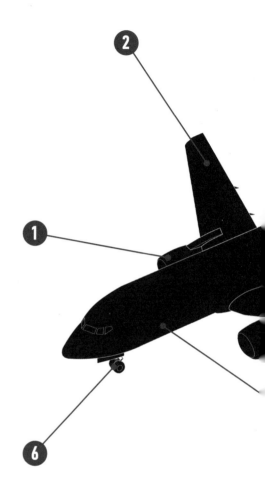

6 起落架
起落架用于起飞和着陆，当飞机在地面时，起落架可以起支撑作用。滑板和浮板可用于水上飞机，但轮子仍是最常见的起落架类型。为减少飞行中的阻力，起落架通常是可收放的，但这是以增加额外重量和减少货运空间为代价的。

5 机身
机身顾名思义，是飞机的主干部分。它将尾翼与机翼连接起来，并为飞行员提供空间，还可以根据飞机的实际用途搭载乘客或货物。机身通常在两端收窄以提高空气动力学效率。

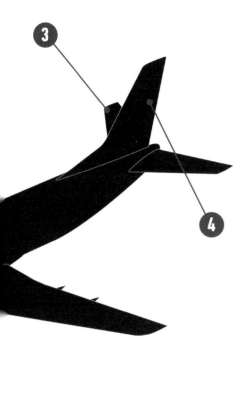

❶ 发动机

发动机为飞机在空中飞行提供推力，它有许多种类：驱动螺旋桨的内燃机或燃气涡轮发动机、喷气发动机、电动马达，甚至包括火箭发动机。位于飞机重心前面的发动机被称作"牵引机"，而位于飞机重心后面的发动机被称为"推动机"。

❷ 机翼

机翼又被称作"主机翼"，该结构为飞机提供大部分升力。机翼通常位于飞机重心之后，使飞机产生轻微的下俯力。这种设计可以使飞机在发动机失效时仍处于可滑翔的姿态。

❸ 水平尾翼

水平尾翼又被称为"水平安定面"，它使飞机在空中保持水平。为维持飞机水平直线飞行，它对飞机尾部施加了一个很小的向下的力，以抵消机头下俯的自然趋势。由于尾翼距离飞机重心很远，所以与机翼相比，它只需提供一个相对较小的力就可以对飞机产生成倍的转动效应。

❹ 垂直尾翼

垂直尾翼又被称为"垂直安定面"，是一个竖直安装在飞机尾部的全对称翼。设计垂直尾翼是为了增加飞机的方向稳定性，本书将在后面详细介绍它的工作原理（参见第 116 页）。

①

②

早期的飞机

这两页中的示例展现了飞机自诞生之日起是如何快速发展的。飞机被发明出来后不久，第一次世界大战爆发了，在此后一段时间内，飞机成了推动创新的催化剂。各国都在争相制造更强大、更灵活的飞机以战胜敌人。战前，制作机翼的材料是织物和木料，直到德国通过创新研究发明了一种既轻得可以用来飞行，又坚硬得可以用来空战的铝合金——硬铝。在发明硬铝之前，早期战机的机翼常常在规避训练时因负载过大而折断，而这无疑会给飞行员招致厄运。

① 布莱里奥 11   1909 年，法国

这是历史上第一架采用现代单翼机标准构型的飞机。区别于早期的飞机，它将方向舵和升降舵的控制集成于机尾，并将发动机和螺旋桨放置在机头。该型飞机因横跨英吉利海峡而为世人所知，并一直生产到战争爆发。

② 阿芙罗 504   1913 年，英格兰

这是第一次世界大战期间生产最多的飞机。它曾作为轻型轰炸机和战斗机服役。作为前线飞机，这种全木制双翼飞机很快就被淘汰，继而转型为教练机。战后由于数量过剩，许多该型飞机被军队出售，成为平民飞行员的热门选择。

③ 纽波特 17   1916 年，法国

1916 年纽波特 17 刚推出时，其高敏捷度和优越的爬升率使该型战机在战争中处于优势地位。这是一种下翼比上翼小很多的"倍半机"。这种设计为飞行员提供了更好的向下视野，并在不严重影响升力的情况下降低了阻力。

④ 索普维斯"骆驼"战斗机   1917 年，英格兰

这种飞机出了名地难操纵，但在有经验的飞行员手中却异常灵活。到第一次世界大战结束时，"骆驼"在空战中击落的敌机比任何协约国飞机击落的都多。在战争即将结束时，它也曾被作为地面攻击机使用。

⑤ 福克 Dr.1 三翼机   1917 年，德国

福克 Dr.1 三翼机是德国著名战斗机飞行员"红色男爵"曼弗雷德·冯·里希特霍芬的首选座驾。他驾驶该型飞机赢得了 19 次胜利，但也丧生于其上。福克 Dr.1 三翼机是为了应对索普维斯"骆驼"战斗机而设计的，但由于发动机的高空性能较差，其在低空飞行时表现得更好。

机翼构型

自从发明飞机以来，人们就尝试了各种各样的主机翼布局方式。通过机翼数量和位置的不同，飞机被分为不同类别以区分它们的构型。此外还有一些其他术语用来描述机翼的特征，这些将在本书的后面介绍。

双翼机

双翼机的特点是具有两组机翼，其中一组叠加在另一组之上，是早期航空史上最常见的飞机类型。通过用撑杆连接，双翼机在结构上比单翼机更加坚固，但这是以增大阻力为代价的。

双翼机

不等跨双翼机

倍半机
（下机翼明显缩小）

倒倍半机

向前交错排列

向后交错排列

非交错排列

交错排列

机翼交错排列的设计通常应用于有两个或更多机翼的飞机。通常上翼位于下翼的前方，少数情况下，上翼位于下翼的后方。

多翼机

拥有多于两组垂直叠加机翼的飞机通常被归类为"多翼机"。

三翼机

四翼机

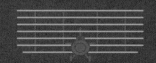

多翼机

单翼机

单翼机的机身两侧各有一个主机翼。更好的材料、改进的结构技术、飞得更快的愿望，这一切意味着到了 20 世纪 30 年代，大多数新飞机都已经是单翼机。

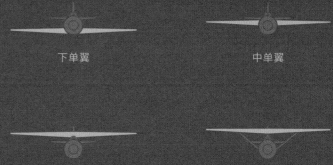

下单翼　　　　　　　　中单翼

肩单翼　　　　　　高单翼　　　　　　伞式单翼

串联式机翼

这是一种不太常见的机翼布置形式。两组机翼的位置一前一后，协同工作来产生升力和控制力。

机翼支撑

悬臂式机翼是一种自我支撑的机翼，没有外部支撑。为了达到足够的强度，悬臂翼的内部结构可能会相当重，因此有时也会使用外部支撑。虽然机翼支撑可以使飞机更轻，但它会产生更大的阻力，特别是在高速飞行时。大多数多翼机都使用机翼支撑，支撑的形式有框架支撑、钢索支撑或框架钢索混合支撑。框架支撑可以对抗压力或张力，而钢索支撑只能对抗张力。

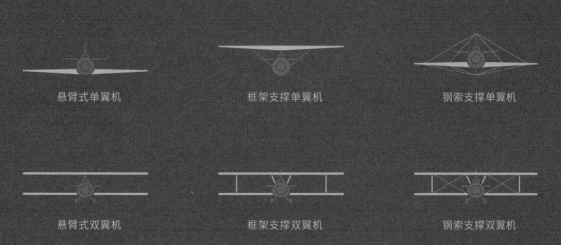

悬臂式单翼机　　　　　框架支撑单翼机　　　　　钢索支撑单翼机

悬臂式双翼机　　　　　框架支撑双翼机　　　　　钢索支撑双翼机

更大和更强

早期的飞机（如"飞行者一号"）尝试过方向舵在飞行员前方向外延伸的布局。如今我们更习惯的"经典"构型是法国飞行家路易·布莱里奥在1908年开始研发的。布莱里奥驾驶着非常成功的"布莱里奥11"成为历史上第一位飞越英吉利海峡的人，从此远近闻名。

波音 80

1928

4810千克

1922

4377千克

维克斯
"弗吉尼亚"

1917

558千克

阿芙罗 504

容克 J.1

1776千克

1913

326千克

1909

布莱里奥 11

320千克

1907

瓦赞双翼机

由于发动机的功率较低，早期的飞机必须足够轻，因此机身大多是由织物覆盖的木制框架构成的。此后，发动机的动力不断提升，为了承受更大的外力作用，机身结构变得更加坚固。木材和织物逐渐被淘汰，到了1917年，容克 J.1 成为第一种投入大规模生产的全金属飞机。

1903

274千克

"飞行者一号"

机翼的相关术语

在深入学习之前，我们有必要了解一些有助于描述机翼的术语。下图中显示的是一个翼型（也叫翼剖面），即机翼的横截面，并标注了一些基本的参照点。

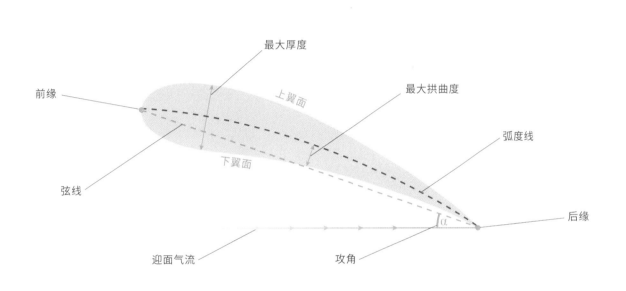

前缘
前缘是翼型前端表面曲率最大的点。

后缘
后缘是翼型后端表面曲率最大的点。

弦线
弦线是连接前缘和后缘的假想线。弦线的长度称为弦长。

弧度线
弧度线是描述机翼弧度的线，位于上下翼面之间。

攻角
攻角是迎面气流和机翼弦线之间的夹角。攻角和飞机速度、空气密度一起影响着机翼产生升力的大小。我们将在接下来的几页中更加详细地了解这一点。

改变攻角

机翼产生升力的大小在很大程度上取决于它与迎面气流的夹角；当攻角较大时，更多的气流向下偏转，导致升力增大。然而，存在着一个临界点，攻角的继续增大会导致机翼失去升力，这就是所谓的"临界角"。我们在学习了第 40 页"临界点"的概念后，就可以理解这一切发生的原因。如果飞行员让攻角超出临界角太多，机翼就会停止产生升力，导致飞机失速，可能会带来灾难性的后果。

值得注意的是，随着攻角的增大，在升力增大的同时，阻力也随之增大。这是由于翼型与迎面气流愈加不吻合、翼型的轮廓愈加明显造成的。这张图显示了升力和阻力如何随攻角变化，图中示例机翼的临界角为 15°，超过该临界角后升力开始下降。

升力 ↑   阻力 ⟶

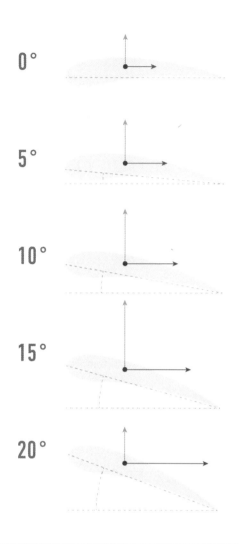

平衡的力

0°

对称的翼型

正如我们看到的，弧形翼型在攻角为 0° 时也可以产生升力。与之相反的是，对称的翼型在攻角为 0° 时不会使任何气流发生偏转，通过两侧翼面的气流速度也是相同的。由于空气在两侧翼面产生的作用力相同，因此两侧翼面产生的升力大小相同，不会有合力生成。我们可以用飞机尾翼举例，当飞机直线飞行时，攻角为 0° 的尾翼不会为飞机提供转动力。

附面层

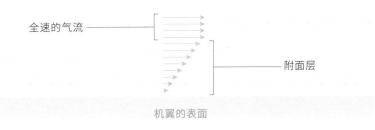

本书的前半部分（详见第 16 页）介绍了机翼产生升力的基本原理。为了更好地理解这些原理，我们将仔细观察空气流过机翼，在所谓的"附面层"上的行为。首先，我们会准确定义什么是"附面层"，然后了解影响它的因素，以及它如何影响升力。

全速的气流 —— 附面层

机翼的表面

附面层

在摩擦力的作用下，距离飞机表面越近的空气在流过飞机时速度越慢。实际上，紧挨着飞机表面的空气分子是处于静止状态的。如上图所示，箭头的长度表示空气相对于机翼的速度。事实上，人们可以在飞行后的飞机表面发现起飞前就存在的灰尘，这就印证了上述观点。

靠近机翼的静止空气会使其上方的空气减速，后者又会使它上方的空气减速，因此随着与机翼距离的增加，空气的速度逐渐增大。相对空速与飞机周围自由流动、不受影响的空气的速度相同的地方，就是附面层的边界。附面层既可以是层流，即流体沿同一方向平滑地运动；也可以是紊流，即流体做翻滚运动。

层流　　　　　　　　　　　　　紊流

全速的气流　　　　　　　　　　　　　　　　　　　机翼的表面

机翼的表面

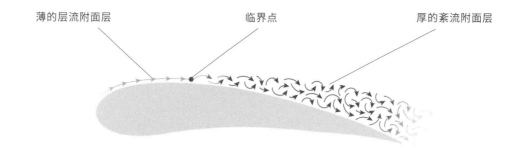

薄的层流附面层　　　　　　临界点　　　　　　厚的紊流附面层

临界点

如上文讲到的，附面层既可以是层流，也可以是紊流。由于紊流附面层会显著增大表面摩擦力，因此飞机设计者们想尽一切办法使附面层保持在层流状态。光滑的表面是有助于气流保持在层流状态的一个因素，其在紊流状态下也可以减少摩擦力。

通常情况下，机翼前缘的附面层是从层流开始的。然而，从某一点开始，附面层又从层流变为紊流，且厚度增大，这就是临界点。随着速度的增大，临界点会向前缘移动，这将导致更多的附面层变为紊流，摩擦力也相应增大。

低速　　　　　　　　　　　　　　高速

攻角的大小同样影响临界点的位置。如下图所示，随着攻角的增大，临界点向前缘移动。当临界点移动得足够靠前，使得机翼大部分上表面都被紊流覆盖时，机翼就会停止产生升力。这时的攻角就达到了所谓的"临界角"，超过这个角度后，攻角继续增大会剥离剩余的层流，消除最后的升力并使飞机失速。

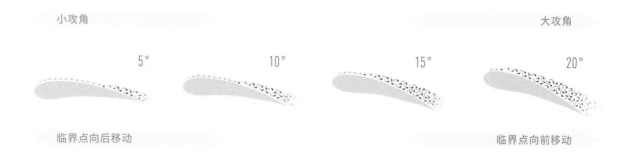

小攻角　　　　　　　　　　　　　　　　　　　　　　　　　大攻角

5°　　　　　　10°　　　　　　15°　　　　　　20°

临界点向后移动　　　　　　　　　　　　　　临界点向前移动

摩擦力和燃油

正如在上文中提到的，飞机的外表面越光滑，它与空气产生的摩擦力就越小。随着时间的推移，飞机表面会变得越来越脏，相应地会造成摩擦力增大和燃油效率的降低。所以为避免飞机表面积累过多灰尘，航空公司会定期对飞机进行清洗。虽然定期清洗飞机花费了大量劳动力，但它节省的燃油成本远超过清洗过程消耗的成本。据统计，一架未清洗的飞机比一架干净的飞机多消耗 2% 的燃油。这看上去虽然不是一个很大的数字，但由于燃油是航空公司最主要的成本之一，这项支出累加得很快。

计划的
往返航班 ———
一架干净的
飞机节省的
燃油

空中客车 A320

一周之内

上图是总部位于伦敦的一架空中客车 A320 一周的排班表。它在 28 次飞行中访问了 14 个地方，总航程 63 500 千米。假设飞机已经被清洗过，这个航程需要消耗约 7.5 万英镑的航空燃油。如果飞机未清洗，将会多耗费 1500 英镑的燃油，这相当于从伦敦飞到马德里所需的油量。

一年之内

在一年的时间里，算上勤务维修造成的运行中断，仅保持一架飞机的清洁就节省了 7 万英镑的燃油。如果把这些钱再用来购买燃油，足够绕地球一圈半。对一家拥有数百架飞机的航空公司来说，清洗飞机每年可以节省数百万英镑。

注：本书地图系原书插附地图。
后同，不再赘述。

压力分配

我们知道当机翼穿过空气时，其上表面的压力减小，下表面的压力增大。压力的变化取决于空气的加减速以及气流是否为紊流。因此，当我们发现空气对机翼各个位置造成的压力并不相同时，也不足为奇。下图显示了压力的变化，箭头的长度代表了在机翼的每个点上压力的变化量。

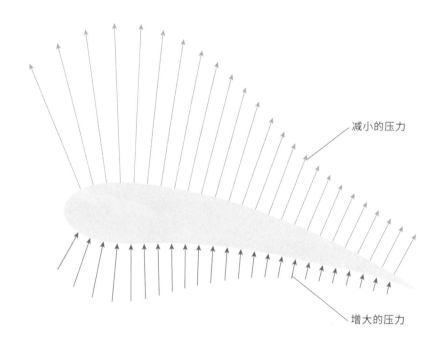

减小的压力

增大的压力

从上图可以清楚地看到，首先，上表面压力的减少量远远大于下表面压力的增加量。这似乎与直觉相悖，但无论是在风洞模型上还是在飞行中的飞机上，它都被证明了无数次。

其次，朝向机翼前部的区域最明显地受到压力增加和减少的影响。这与我们知道的附面层靠近前缘的部分是层流，沿机翼向下后变为紊流并失去升力的原理是一致的。

压力中心

正如任何物体都有重心一样，我们把升力在机翼上的作用点称为压力中心。也就是说，如果把作用在机翼上的所有气动力归结为一个合力，压力中心就是这个合力的作用点。右图使用的是与上一页相同的翼型，展示了压力中心的位置以及合力。

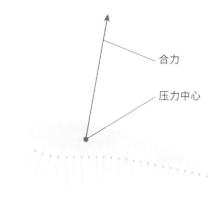

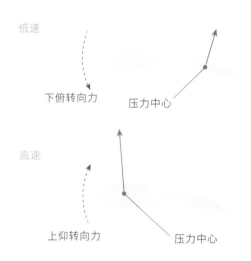

对飞行员和飞机设计师来说，了解压力中心如何影响飞机的稳定性和操控性非常重要。在较低的速度下，压力中心将位于机翼的后部，对它产生一个下俯的转动力。在高速飞行时，压力中心向前移动，从某一时刻起开始产生一种转动力，使机翼前部上升。这意味着飞机在加速或减速时很容易上仰或下俯，飞行员对此应做好准备。

攻角和速度都会影响压力中心的位置，攻角越大，压力中心越靠近前缘（直到达到临界点）。这与本书第40页中讲到的临界点有关，且在更大的攻角下，它会继续前移，使机翼的后部被紊流覆盖。当机翼被紊流包围时，压力差相对较小，因此这部分区域对升力的贡献较小。

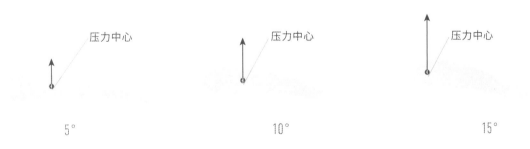

控制一架飞机

当飞机发动机运转时，推力会将飞机朝它所指向的方向推进，但只有在飞行过程中操纵飞机，才能使其发挥作用。为实现这一点，传统飞机有三套控制装置，每一套都使飞机沿着莱特兄弟定义的三轴之一运动。

控制装置的形式是安装在飞机各翼面后缘的带铰链的操纵面。当这些操纵面运动时，它们会改变机翼的弧度和攻角，或多或少地使空气偏转，从而影响升力的大小。这些部件被称为飞行操纵面（FCS），它们可以通过使用铰链和钢索、推拉杆、液压系统，以及由计算机控制的电传操纵来运作。

三轴

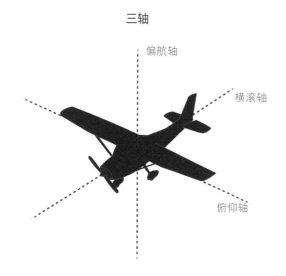

❶ 副翼

副翼控制飞机的滚转，也就是飞机绕横滚轴的运动。如果一个副翼向下偏转，它将开始产生更多的升力，同侧机翼将上升。副翼安装在主机翼的外侧，靠近翼尖，这样可以最大限度地增大转向力，减少飞机滚转所需的力量。

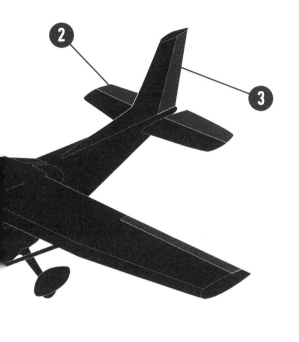

② ③

弧形翼型（如主机翼）

飞行操纵面向上　　中间位置　　飞行操纵面向下

减小的升力　　适度的升力　　增大的升力

对称翼型（如尾翼）

飞行操纵面向右　　中间位置　　飞行操纵面向左

推力向左　　没有合力　　推力向右

② 升降舵

升降舵控制飞机的俯仰，位于水平尾翼的末端。它们配合作用，以影响施加在尾翼上的升力。如果升降舵向下偏转，升力增加，推动飞机后部向上抬起，使飞机围绕其俯仰轴运动，因此机头向下倾斜。反之，升降舵向上偏转会使飞机上仰。

③ 方向舵

方向舵位于飞机垂直尾翼的后缘。它的作用很像轮船的方向舵，用来控制飞机的方向。它控制着飞机围绕偏航轴旋转，这种运动被称为"偏航"。尾翼的翼型总是对称的（面对迎面气流不会产生升力），所以只有在操作方向舵时，这个翼型才会产生一种推动它向左或向右的力。

减小的升力

上仰

升降舵向上

升降舵向下

下俯

增大的升力

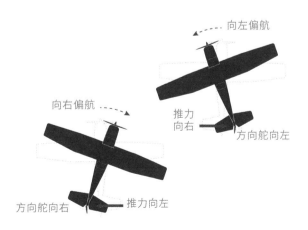

向左偏航

向右偏航

推力向右

方向舵向左

方向舵向右

推力向左

在第一次世界大战之前，只有少数人能够从事航空工作。战争结束后，随着成千上万训练有素的飞行员和飞机被闲置，特技飞行表演来到了大众面前。表演挑战地心引力的特技刺激观众，为那些渴望体验飞行的人提供兜风服务，是这些冒险者赖以生存的方式。

① 柯蒂斯 JN-4   1915 年，美国

传说中的"珍妮"飞机，大概是第一次世界大战中最著名的美国飞机。战争结束后，成千上万架剩余的"珍妮"飞机被廉价出售给公众。这种双座飞机迅速占领了市场，在美国民用航空的兴起中发挥了关键作用。它主要被用于特技飞行表演和运送邮件。

② 新标准 D-25   1929 年，美国

虽然只生产了 45 架，但 D-25 赢得了持久的声誉。区别于其他的特技飞行表演飞机，D-25 宽敞的前驾驶舱可以容纳 4 个人，而更多的乘客可以给飞行员带来更大的利润。有些 D-25 甚至被用来喷洒农药，尽管工作繁重，但坚固的结构使它们经久不坏。

③ 韦科 10   1927 年，美国

到 20 世纪 20 年代末，超过 40% 的在美销售的小型飞机都由韦科公司制造，其中韦科 10 是生产最多的型号。它以快速直接的起飞、出色的操控性和可控的降落速度而闻名。韦科 10 曾被用于担任各种角色，其中就包括作为竞赛飞机。

虽然有许多早期使用航空运输邮件的例子，但直到战后，常规、定期的服务才正式形成。历史上第一批付费的乘客乘坐的正是这些邮政飞机（前提是飞机上还有位子）。那些搭乘邮政飞机的人需要准备好应对一定程度的不适——邮件挤满四周，常常堆到大腿上，还有近4000米高空的寒风打在脸上，所以一定要把自己包裹得严严实实。

特技飞行表演飞机 与邮政飞机

④ **德哈维兰 DH4**　　1916年，英国/美国

它被普遍认为是第一次世界大战中最好的单发英国轰炸机，很快被美国制造商采用并改进。战争结束后，剩余的 DH4 在欧洲、澳大利亚和美国运送邮件。美国邮政局在 1918 年获得了 100 架 DH4 飞机。

⑤ **道格拉斯 M-2**　　1925年，美国

战争结束近 10 年后，美国邮政局决定不再继续依赖退役的军用飞机。美国邮政局向道格拉斯公司下了一个订单，要求修改现有的道格拉斯观察飞机的设计，生产一种专用的邮政飞机。应运而生的道格拉斯 M-2 飞机坚实可靠，在早期的邮递路线上很受欢迎。

⑥ **波音 40**　　1927年，美国

波音 40 不仅可以承载 540 千克的邮件，还可以容纳 2 名乘客。这种飞机能够以低于当时竞争对手的价格收取每磅航空邮件的运费。这是历史上第一架搭载付费乘客的波音飞机。

特技飞行表演

特技飞行表演者以在空中表演特技而闻名，他们表演盘旋、翻滚，甚至失速等高难度动作，将飞机置于不寻常的、致命的境地。这些动作至今仍会在空中表演和特技飞行表演比赛中出现，在空战中也很常见。

慢滚
缓慢地沿着飞机纵轴滚转。

筋斗
飞机从平直飞行状态进入一个铅垂平面的圆圈轨迹。

锤子头
垂直向上爬升，当飞机开始失速时，操纵方向舵使飞机绕法线轴旋转，直至机头向下俯冲，最后再从俯冲中拉平。

殷麦曼
一个半筋斗接一个半滚转，又称作"高点滚转"。

破 S 机动
一个半滚转接一个半筋斗，即反向殷麦曼机动。

摇摆滚转
快速进入偏航，使一侧机翼比另一侧失速严重，从而产生高速滚转。

螺旋
一侧机翼失速，飞机以螺旋状态俯冲。

钟形机动
垂直向上爬升直至失速，飞机以头上尾下的姿态下滑，然后机头下沉改为俯冲，最后在俯冲中拉平。

桶滚
一个筋斗和一个滚转的结合。

懒 8 字飞行
向一侧倾斜的筋斗再接一个向另一侧倾斜的筋斗。

① 福克 F. Ⅱ   1920 年，德国

在大多数飞机都是双翼机的时代，这架外观简洁的单翼机看上去一定非常现代。飞机上有可容纳 4 名乘客的封闭空间，在飞行员旁边的开放式座舱中还可容纳第 5 名乘客，这个座位原本是为领航员或机械师准备的。福克 F. Ⅱ 是福克飞机公司生产的一系列商用飞机中的第一款。

② 布雷里奥 - 斯帕德 S.33   1920 年，法国

S.33 是在第一次世界大战之后不久被研发出来的，它的设计深受布雷里奥公司同时代制造出的战斗机的影响。该型飞机起初在巴黎到伦敦的航线上运行，后来扩展到欧洲大陆上的其他目的地，并在 20 世纪 20 年代取得了巨大成功。飞机的机身可容纳 4 名乘客，而第 5 名乘客可以选择坐在飞行员旁边的开放式驾驶舱中。

③ 德哈维兰 DH.50   1923 年，英国

德哈维兰设计的 DH.50 型飞机取代了在 "一战" 期间作为轰炸机服役的 DH.9 型飞机。飞机机身中央的客舱可容纳 4 名乘客，飞行员则坐在后部的一个开放式驾驶舱里。在完成了哥本哈根和哥德堡之间的试飞之后，这架飞机在首航的几天内就因其可靠性获得了嘉奖。

④ 福特三发飞机   1926 年，美国

福特三发飞机的绰号是 "锡鹅"，尽管它的全金属结构并非前所未见，但它确实比当时的大多数客机更加先进。除了全金属结构外，它与福克的三发飞机十分相似，被亨利·福特称为 "最安全的客机"。这种飞机既有军用型也有商用型，通常能容纳 2 名飞行员和 17 名乘客。

⑤ 波音 80A   1929 年，美国

波音公司的 80 型客机是最早将乘客舒适度摆在首位的客机之一。80A 可容纳 18 名乘客，配有皮革内饰、阅读灯、强制通风和冷热自来水。1930 年，它成为首架搭载航空业历史上首批女空中乘务员（她们全部都是注册护士）的飞机。

随着飞机变得越来越大、越来越坚固，它们的载货能力也在增强。第一架商用飞机只能携带少量的邮件，如果硬要搭载一名乘客也不是不行。然而，由邮政服务建立的航线为未来的客运航线奠定了基础。到了 20 世纪 20 年代，邮政业务开始退居次席，而客运成了更赚钱的产业。起初的客机基本是以战争时期的轰炸机为原型设计的，但到 20 世纪中期，专门为客运制造的飞机开始在世界各地投入使用。

④

飞机的黎明

操纵杆

踏板

油门杆

控制一架飞机

飞机的主要控制装置包括控制俯仰和滚转的操
纵杆、控制偏航的踏板和控制发动机的油门杆。
尽管这些控制装置的外观区别很大，但它们通
常以相同的方式工作。

俯仰

向前推操纵杆使飞机下俯，
向后拉操纵杆使飞机上仰。

滚转

向左转动操纵杆，飞机向
左滚转。向右转动操纵杆，
飞机向右滚转。

偏航

踩左踏板，飞机向左偏航。
踩右踏板，飞机向右偏航。

动力

向前推油门杆，增大发动机
动力，增大推力。

客机的发展

尽管 20 世纪 20 年代的客机让当时的人耳目一新，但与如今的喷气式客机相比，就是小巫见大巫。

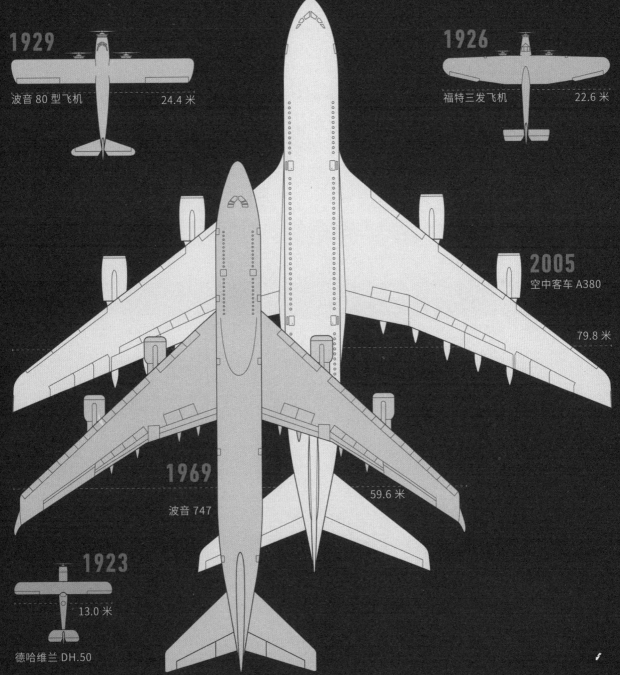

1919

福克 F. II   16.1 米

1929

波音 80 型飞机   24.4 米

1926

福特三发飞机   22.6 米

2005

空中客车 A380

79.8 米

1969

波音 747   59.6 米

1923

13.0 米

德哈维兰 DH.50

查尔斯 · 林白

历史上没有哪一次飞行能像 1927 年 5 月 20 日查尔斯·林白飞越大西洋那样影响深远。在奔腾的 20 世纪 20 年代，在那个名人辈出的时代，查尔斯·林白横跨大西洋的壮举让他驰名世界。

事实上，他并不是第一个乘飞机旅行的人，很多人在他之前就成功尝试过，不过也有人在尝试过程中丧了命。然而，凭借着独自驾驶一架小型单发单翼机不间断地飞越大西洋，他那惊人成就的朴素和纯粹引起了全世界人民的共鸣。

查尔斯·林白

从很早的时候起，查尔斯·林白就沉迷于机械，他喜欢研究家用轿车和他青少年时期钟爱的那辆艾克沙修摩托车。凭着对机械的兴趣，林白考入了大学，尽管在当时他从未接触过飞机，但已经对飞行产生了浓厚的兴趣。在威斯康星大学麦迪逊分校读书的第二年，成为一名飞行员的诱惑时刻驱使着他。1922 年，他抛下大学两年的学业，来到林肯的内布拉斯加飞机公司下设的飞行学校学习。

在接受了几个月的飞行训练后，为了支付继续深造的学费，查尔斯·林白不得不离开学校出来挣钱。他做过一段时间的飞机维修工，还为了积累飞行经验，在美国中西部做过几个月的特技飞行表演。一年之后，他花 500 美元购买了一架曾在"一战"期间服役的飞机作为自己的座驾。1923 年的大部分时间，他都以"冒险者林白"的名号在各地巡回表演。

查尔斯·林白于 1924 年 3 月加入美国空军，开始了为期一年的军事飞行训练。就在毕业前的第 8 天，他遭遇了最严重的一次空中事故：在一次战斗演习中，他和别人的飞机在空中相撞，导致他的飞机失去控制，他被迫跳伞逃生。所幸他毫发未伤，并以全班第一的成绩参加了毕业典礼。在当时，由于军队不再需要更多的现役飞行员，林白只好回归平民生活，成了一名酒吧经理兼飞行教官。仅仅几个月后，罗伯逊飞机公司就聘请他协助开辟圣路易斯—芝加哥之间的新邮政航线，并担任首席飞行员。在那个年代，航空邮政飞行员是最危险的职业之一，他们会遇到燃油不足、设备故障、极端天气等问题，甚至同时遇到 3 个问题。查尔斯·林白也不例外，有两次他不得不在飞往芝加哥的夜间航线上跳伞逃生。

1919 年 5 月，美国海军在大西洋上部署了 68 艘战舰和 5 艘驱逐舰，以支持 3 架柯蒂斯 NC-4 水上飞机的越洋飞行。即便如此，这次飞行对 NC-4 水上飞机（又称"南希飞机"）的机组人员来说也是困难重重。在穿过浓雾时，其中一组人员为确定方位降落在了海面上，大浪冲断了飞机的机尾，他们被迫求援。15 小时后，另一组人员彻底迷失了方向，他们决定在海面上迫降，但在降落时机体破裂。由于飞机无法再起飞，他们只好花 3 天时间航行到亚速尔群岛。

只有 1 架飞机完好无损地飞抵亚速尔群岛。之后他们开始了第二段旅程，从亚速尔群岛到里斯本，用时 11 天，成为第一个飞越大西洋的机组。

1919 年 6 月，英国飞行员约翰·阿尔科克和阿瑟·惠顿·布朗使用战时的维克斯维梅轰炸机，进行了首次不间断的大西洋飞行。他们从加拿大纽芬兰飞到爱尔兰，航程比林白飞越大西洋的那次要短得多，但最后仓促地头朝下"降落"在了一块沼泽地里。

就在上述飞行尝试的同时，出生在法国的纽约酒店老板雷蒙德·奥泰格拿出 2.5 万美元的奖金，鼓励首个在未来 5 年内完成纽约和巴黎之间不间断飞行的人。由于在规定时限内没有人进行认真的尝试，奥泰格重新发布了奖励，并在这一次后成功获得了关注。到了 1926 年，资金充裕、经验老到的飞行员开始满怀信心地追逐这个目标。

1926年9月26日，参加过"一战"的王牌飞行员勒内·丰克驾驶他的西科斯基S-35三发飞机从纽约罗斯福机场起飞时发生了事故。丰克本人和副驾驶员幸免于难，但另外两名机组人员在随后的大火中丧生。次年4月，探险家理查德·伯德和3名机组人员驾驶的福克三发飞机在一次起飞训练时发生倾覆，导致几人身受重伤。另一组竞争者诺埃尔·戴维斯中校（Lt Comdr Noel Davis）和斯坦顿·H.伍斯特中校（Lt Stanton H. Wooster）在兰利机场测试飞机时遇难——他们的飞机在起飞后不久就坠毁。1927年5月6日，另一位著名的法国飞行员查尔斯·努格瑟（Charles Nungesser）和经验丰富的老兵弗朗索瓦·科里（François Coli）从巴黎起飞。有人曾看到他们穿越爱尔兰海岸向大西洋进发，但后来再也没有人见过他们。

林白和"圣路易斯精神号"飞机

这场夺去了许多人生命的挑战激发了查尔斯·林白的冒险精神。尽管他有在危险环境下飞邮政航线的经验，也有扎实的技术知识，但相对默默无闻的他很难找到资金赞助商。

终于，查尔斯·林白成功说服了两名商人相信他的才能，并为他提供了所需的大部分资金。大多数竞争者的预算都比查尔斯·林白筹集的1.8万美元多很多，但资金上的劣势并没有成为他的绊脚石。

查尔斯·林白否定了像绝大多数竞争对手那样使用大型多发飞机的想法。这些飞机的燃油效率太低，而且当横跨大西洋时，多个发动机提供的"备份"并不能带来真正意义上的安慰。林白认为，当距离陆地很远时，双发飞机在紧急情况下仅靠一台发动机是不可能安全抵达大陆的。不管怎样，结局都是机沉大海。

查尔斯·林白和他的支持者们四处寻找合适的飞机，最终从瑞安飞机公司购买了一架定制飞机。为了节省时间，在林白的建议下，他们基于现有的一架邮政飞机进行了设计，仅用两个月就完成了制造。为表示对赞助商的感谢，林白给这架飞机起名为"圣路易斯精神"（他们出生在圣路易斯）。经过一系列试飞后，林白做好了准备。5月20日上午，在纽约罗斯福机场，查尔斯·林白驾驶的飞机满载燃油艰难地升空了，最低时距离一截挂在空中的电话线只有6米左右。在接下来的33小时30分钟内，查尔斯·林白面临的挑战接踵而至，包括在毫无生气的海面上空飞行、设备结冰以及穿过低能见度的大雾和暴雨云。5月21日，查尔斯·林白在巴黎的布尔歇机场降落，尽管历经磨难的他显得疲惫不堪，但现场成千上万迎接他的观众还是让他吃惊不小。在完成这次伟大壮举后，他的生活就此彻底改变。

飞越大西洋

这张图展示了早期飞越大西洋的探险家们的航线，包括美国海军、阿尔科克和布朗、查尔斯·林白。

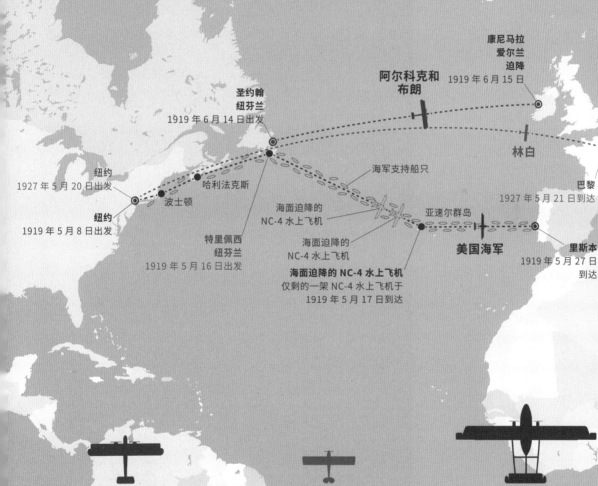

康尼马拉
爱尔兰
迫降
1919 年 6 月 15 日

阿尔科克和
布朗

圣约翰
纽芬兰
1919 年 6 月 14 日出发

林白

纽约
1927 年 5 月 20 日出发
波士顿

纽约
1919 年 5 月 8 日出发

哈利法克斯

海军支持船只

巴黎
1927 年 5 月 21 日到达

海面迫降的
NC-4 水上飞机

亚速尔群岛

特里佩西
纽芬兰
1919 年 5 月 16 日出发

海面迫降的
NC-4 水上飞机

美国海军

里斯本
1919 年 5 月 27 日
到达

海面迫降的 NC-4 水上飞机
仅剩的一架 NC-4 水上飞机于
1919 年 5 月 17 日到达

阿尔科克和布朗
维克斯维梅轰炸机
从纽芬兰飞往爱尔兰
15 小时 57 分钟

查尔斯·林白
圣路易斯精神
从纽约飞往巴黎
33 小时 30 分钟

美国海军
柯蒂斯 NC-4 水上飞机
从纽芬兰飞往里斯本
10 天 22 小时

① 圣路易斯精神　　1927年，美国

圣路易斯精神以瑞安 M-2 邮政飞机为蓝本，官方名称是瑞安 NYP（从纽约飞往巴黎）。为实现从纽约飞往巴黎的这一目标，它被打造成了具有绝佳流线型外形的飞机，并且可携带重量超过自重的燃油。在完成了那次举世瞩目飞行的一年后，查尔斯·林白把它捐赠给了史密森学会，它在那里展出了 80 多年。

② 道尼尔 Do-X　　1929年，德国

道尼尔 Do-X 绝对是一架令人印象深刻的飞机。它曾是世界上最重、最大、动力最强的飞机，还创下了单次飞行搭载人数的纪录（169 人），并保持了20 年。尽管受到公众欢迎，但由于缺乏商业价值，这个型号的飞机只制造了 3 架。

③ 西科斯基 S-42　　1945年，美国

由于外部框架和支撑结构的巨大重量，西科斯基公司前期的多乘客水上飞机被泛美航空公司的顾问查尔斯·林白称为"怪物"。作为回应，西科斯基公司做了重大的空气动力学改进，并于 1934 年向泛美航空公司展示了这款S-42。这款飞机之后成了西科斯基公司的主力机型，主要用于南美航线。

④ 马丁 M-130　　1934年，美国

虽然第一架"中国飞剪"（China Clipper）曾是三架马丁 M-130 水上飞机中的一架，但"中国飞剪"后来成了泛美航空公司旗下大型水上飞机的通用名。1935 年，最初的"中国飞剪"开通了第一条跨太平洋的航空邮件航线。次年，"夏威夷飞剪"和"菲律宾飞剪"开通了客运航班。由于马丁 M-130 卓越的航程和承载能力，两架马丁 M-130 还曾于第二次世界大战期间在美国海军服役。

水上飞机

第一次世界大战结束后，人们进行了多次驾驶飞机飞越大西洋的尝试，取得了不同程度的成功。与那些在起飞时向满怀希望的观众们挥手，最后却永远消失在云层中的人相比，在起飞阶段就放弃的人可以算得上是幸运了。到了 1927 年，查尔斯·林白独自驾驶着"圣路易斯精神号"飞机第一次无可争议地成功飞越了大西洋。他从纽约飞往巴黎的航程共耗时 33 小时 30 分钟，这使他成了早期的国际名人之一。

水上飞机的时代是短暂的，但在一段时间内，它填补了同时代的其他飞机能力上的空白。当时的陆基飞机根本不具备跨洲际运送乘客所需的航程和承载能力。这不仅是飞机的问题，还因为缺少合适的跑道。对一架飞机来说，起飞所需的滑跑速度必须足够快，而且飞机越重，所需的滑跑距离越长。与陆基飞机相比，水上飞机不需要昂贵的地面跑道，只要水面足够平静，它们几乎可以在水面上的任何地方降落。

飞越大西洋

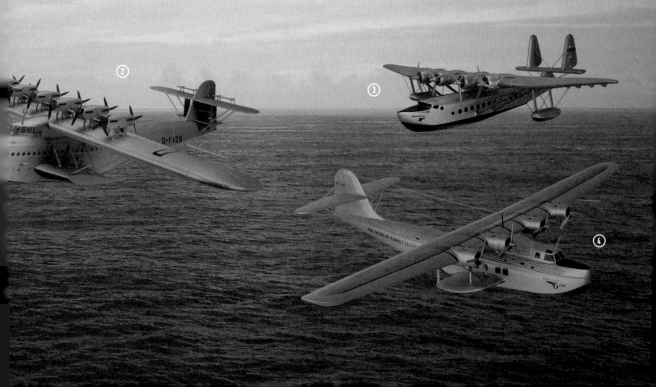

竞速飞机 和 破纪录者

奔腾的 20 世纪 20 年代已经结束，但对世界各地的飞行员来说，20 世纪 30 年代将会给他们带来更多的速度与激情。美国从 1920 年开始举行各种全国飞行比赛，其中最著名的是始于 1929 年的汤普森杯。赛道全长 16 千米，以 15 米高的电缆塔为标记，重视低空飞行和高速转弯。参赛飞机将巨大的发动机压缩在小巧、轻便的机身里，看似不易操控，但在专业的人手中却能展现出蓬勃的动力。

---

① 吉比 R 型　　　　　　　1932 年，美国

这款短小的竞速飞机是两次世界大战之间飞机"黄金时代"的标志。该型飞机有两种变体：专为高速的短距离赛道而设计的 R-1 和专为长距离赛道设计的 R-2。1932 年，R-1 赢得了汤普森杯，并在壳牌竞速赛中创造了 476 千米／时的世界陆基飞机速度纪录。

② 休斯 H-1　　　　　　　1935 年，美国

休斯 H-1 是由富有的商业巨头霍华德·休斯（Howard Hughes）制造的，它是最后一架由私人制造的打破世界速度纪录的飞机。1935 年，休斯 H-1 的飞行速度达到了 476 千米／时。一年后，在对飞机做了一些改进后，他用时 7 小时 28 分钟从洛杉矶飞到纽约，打破了自己横跨美国大陆的飞行速度纪录。

③ 超级特纳流星　　　　　1937 年，美国

罗斯科·特纳（Roscoe Turner）在开始驾驶"流星"飞机时已经是家喻户晓的人了。作为一名经历过战争的老兵和经验丰富的竞速飞行员，他从 20 世纪初就开始进行特技飞行表演，被媒体誉为"超人"。特纳在 1938 年和 1939 年都驾驶"流星"飞机赢得了汤普森杯，而他也是唯一一个 3 次获得该奖项的人。

尽管欧洲的竞技比赛与美国的比赛性质不同，但欧洲的飞行员也同样富有激情。这里的比赛通常在更长的距离间进行，首先需要考虑的是飞机的实用性和可靠性，而不是孤注一掷的速度。1934 年，从伦敦到墨尔本的麦克罗伯逊空中竞赛就是这样一个例子。

④ 卡斯托尔迪·马奇 MC72　1931 年，意大利

MC72 制造于水上飞机的性能优于陆基飞机的时代，是绝对空速连续 5 年的纪录保持者。直到今天，它仍然是有史以来最快的水上飞机。1934 年，在经历诸多机械故障并失去两名试飞员后，弗朗切斯科·阿格罗（Francesco Agello）将飞机的时速提高到 709 千米。这架飞机在时速突破 700 千米后退出了历史舞台。

⑤ 图波列夫 ANT-25　1933 年，苏联

ANT-25 是一种以远程轰炸机为原型而制造的试验机，可以进行许多令人难以置信的长途飞行。1936 年，它在空中飞行了 56 小时 20 分钟，从莫斯科飞到了远东（9374 千米）。1937 年，它尝试从莫斯科飞到旧金山，由于恶劣的天气和燃油不足，飞机在温哥华降落。它在 63 小时 25 分钟内飞行了 9130 千米。

⑥ 德哈维兰 DH.88"彗星"　1934 年，英国

DH.88"彗星"飞机是专门为参加麦克罗伯森空中竞赛设计的。它既轻又快。为了减轻它的重量，大多数制作材料都是木头，只有承重部件使用金属。这架飞机获得了巨大成功，它曾以 71 小时的成绩赢得了麦克罗伯森空中竞赛，比第二名快了 19 小时。

汤普森杯历年冠军

以下是第二次世界大战前的历年汤普森杯冠军，以及他们驾驶的飞机和比赛的平均速度。

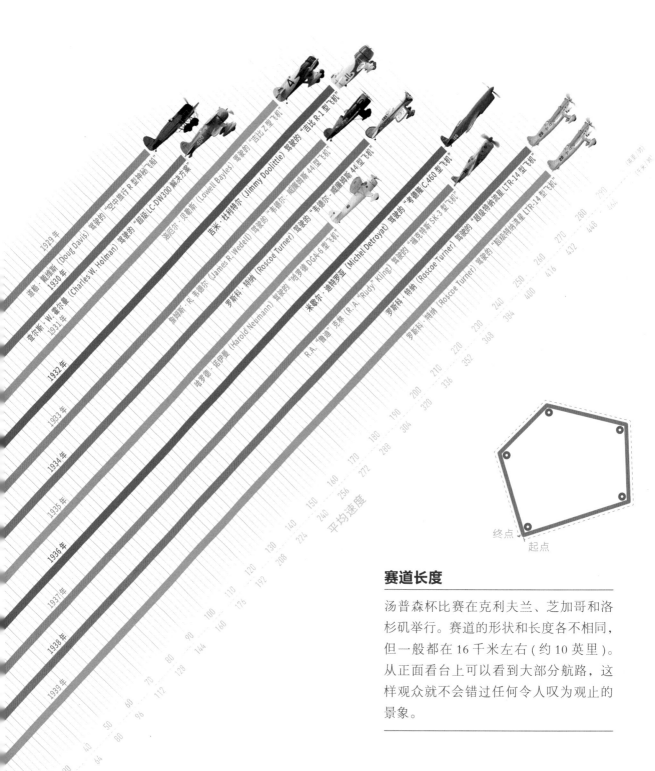

平均速度

赛道长度

汤普森杯比赛在克利夫兰、芝加哥和洛杉矶举行。赛道的形状和长度各不相同，但一般都在 16 千米左右（约 10 英里）。从正面看台上可以看到大部分航路，这样观众就不会错过任何令人叹为观止的景象。

终点

起点

施莱辛格竞速赛

施莱辛格竞速赛，又被称为"兰德竞赛"或"非洲空中竞赛"，于 1936 年举行。航程从英国朴次茅斯机场开始，到南非兰德机场结束，距离接近 1 万千米。由于比赛过于艰苦，并且只对英国的飞行员和飞机开放，参加比赛的人并不多。在 14 组参赛选手中，只有 9 组选手驾驶合格的飞机来到起点，而这 9 组中只有 1 组完成了比赛。这张地图显示了其他 8 组坠毁、失败或放弃的位置。

飞行员 – 飞机
结果

阿林顿和布斯 –B.A. 鹰
迫降导致起落架损坏

米勒 – 珀西瓦尔海鸥
燃油供给故障导致迫降

罗斯 –B.A.4 双鹰
起落架故障

史密斯 – 迈尔斯雀鹰
滑油箱故障

芬德利和沃勒 – 空速特使
飞机起飞时坠毁，芬德利和无线电操作员遇难

卢埃林和休格斯顿 – 珀西瓦尔银鸥
恶劣天气导致迫降

哈尔斯 – 珀西瓦尔海鸥
恶劣天气导致迫降

克劳斯顿 – 迈尔斯·霍克 VI
发动机故障导致迫降

斯考特和格思里 – 珀西瓦尔银鸥

①

③

客机的崛起

到了 20 世纪 30 年代，航空旅行显然已经被证明是一种切实可行的旅行方式。飞机制造商现阶段需要证明的是航空旅行的安全性和舒适性。即使关闭了一台发动机仍能安全飞行的双发飞机正日趋成熟，这种机型在降低风险的同时也提高了公众对航空的信心。封闭式客舱已经成为标准的航空客舱，而加热和隔音等功能的引入使航空旅行这种在当时相对较新的运输方式更加具有吸引力。

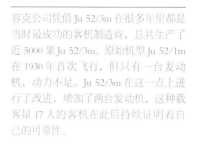

① 容克 Ju 52/3m　　　　　1932 年，德国

容克公司凭借 Ju 52/3m 在很多年里都是
当时最成功的客机制造商，总共生产了
近 5000 架 Ju 52/3m。原始机型 Ju 52/1m
在 1930 年首次飞行，但只有一台发动
机，动力不足。Ju 52/3m 在这一点上进
行了改进，增加了两台发动机，这种载
客量 17 人的客机在此后持续证明着自
己的可靠性。

② 波音 247　　　　　　　　1933 年，美国

波音公司在波音 247 的设计中加入了
许多先进的功能，以确保其在性能和
乘客舒适度方面处于领先地位。在投
入使用时，从东到西横穿美国，它能
够比竞争对手快 8 小时，而且它是第
一架乘客不需要换机或经停过夜就能
横穿美国的客机。

③ 洛克希德 10 型伊莱克特拉　　1934 年，美国

10 型伊莱克特拉是洛克希德公司设
计的第一种全金属飞机。这种双发飞
机是在美国政府宣布禁止单发飞机载
客或夜间飞行的同一年推出的，因此
伊莱克特拉在市场上处于优势地位。
1937 年，著名的美国女飞行员阿梅莉
亚·埃尔哈特在驾驶伊莱克特拉飞机
环球飞行时失踪。

④ 道格拉斯 DC-3　　　　　1935 年，美国

DC-3 的成功对航空界产生了巨大的
影响。它凭借超高的巡航速度（333
千米 / 时）、不错的航程，以及可从短
距离跑道起飞的能力，迅速成为航空
公司的首选。该型客机生产了 600 多
架，而军用型号 C-47 的数量甚至超
过 10 000 架。令人难以置信的是，如
今 DC-3 飞机仍然在每天的商业和军
事服务中发光发热。

⑤ 德哈维兰"信天翁"　　　　1937 年，英国

"信天翁"的设计原型是一架跨大西
洋的邮政飞机，7 架"信天翁"中有 5
架后来被改造成可容纳 22 名乘客的运
输机。"信天翁"的机身采用了一种独
特的多层复合材料，这种材料既坚固
又轻便（德哈维兰在"蚊子"轰炸机
上再次使用了这种技术）。由于这种飞
机的运行时间较短，因此没有一架留
存至今。

辅助

飞行

操纵面

大多数情况下，早期的飞机有 3 个可动操纵面用于在空中对飞机进行操控。副翼、升降舵和方向舵的组合是小动力飞机所需的全部，而先驱飞行员们驾驶着这些小飞机对飞行力学有了更深入的理解和体会。时过境迁，飞机不断增大的体积和动力给工程师们带来了新的挑战，更多的操纵面和更复杂的机翼应运而生。

辅助飞行操纵面主要分为两类：一类是为了减小操控操纵面所需的力，另一类是为了提高飞机的性能。

随着动力的逐渐增强，飞机以更快的速度"撕裂"着天空，而机翼则要承受更大的力量。对飞行员来说，这意味着如果要在扑面而来的气流中移动操纵面，就需要更强的肌肉力量来推拉控制杆。为了使高速飞行的飞机保持可控，人们设计了新的装置以节省飞行员的体力。

就提高飞机性能的辅助飞行操纵面而言，人们很快发现，为了让更大的飞机变得实用，探索产生升力和降低速度的额外方法日趋重要。随着更大、更重的飞机纷纷面世，对更长、更坚固的跑道的需求与日俱增——为满足人类生活生产需求而出现的更大的飞机，对跑道长度的要求变得越发不切实际。能工巧匠们通过对机械的改进解决了这个难题，使飞机可以更快飞离地面，并在更短的距离内完成着陆。

平衡控制装置

通常来讲，飞行员只需要施加很小的力量来操纵控制装置，特别是在小型、慢速的飞机上。然而，在长途飞行中，为了调整和保持飞机航线，连续操纵控制装置会使飞行员感到疲劳。飞机速度的加快使这一问题凸显出来，在此后的10年内，机翼上的气流速度超过了飓风的速度。在这种情况下，飞行员在操纵副翼、升降舵和方向舵对抗强气流时，明显需要一些帮助。为了使飞机的体积持续增大、速度继续提高，飞机工程师提出了3种主要方法来减轻飞行员的负担。

❶ 伺服片

伺服片是安装在操纵面后缘的小型铰链装置。伺服片通过使用滑轮向着与操纵面相反的方向移动，并产生一个力，帮助操纵面朝预期的方向移动。由于伺服片距离操纵面的铰链很远，因此它有更大的杠杆作用，即使是一个很小的力也可以为操纵面提供很大的转向力。这个使操纵面朝着预期方向移动的额外作用力给飞行员提供了很大的帮助，与没有安装伺服片的飞机相比，飞行员只需付出很小的体力就可以控制操纵面。后来，伺服片进一步发展成了"配平片"，飞行员设置一个角度然后松手，也可以使飞机保持特定的航线。举个简单的例子：一架飞机在长途飞行中，一直使用机尾附近油箱的燃油，随着飞机后部变轻，机头会开始下沉；但如果设置好了升降舵配平片，飞机就可以被拉平，飞行员就可以"放手"飞行了。

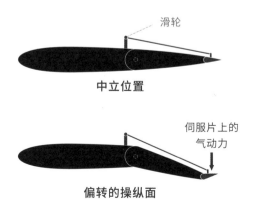

滑轮

中立位置

伺服片上的
气动力

偏转的操纵面

❷ 气动补偿

气动补偿也许是平衡飞机操纵面最简单的方法。铰链不是放置在操纵面的前缘，而是放置在略靠后的位置。这样当铰链移动时，它的前端会伸到气流中。迎面而来的气流撞击操纵面的前端，可以帮助推动操纵面向预期方向运动。这种方法很有效，但也有可能做过头。如果铰链离前缘太远，补偿效果就会过强，飞行员会失去所有的控制感。实现气动补偿的方法有突角补偿和内插铰链补偿，还有两者的结合。

迎面气流

铰链

A 突角补偿

铰链

B 内插铰链补偿

铰链

❸ 配重

操纵面在高速飞行时会很明显地前后剧烈振动，这种效应被称为"颤振"。它是由翼面压力分布的变化和相关装置的弹性造成的。在现代飞机上，动力操纵面使操纵系统刚性更强，对颤振的敏感性大大降低。为了从源头解决颤振问题，设计师在操纵面的铰链前增加一点重量，使操纵面的重心更接近铰链。有时，重物（通常是铅）凸出于加长臂上的铰链前部。此外，对于突角补偿或内插铰链补偿，还可以把重物隐藏在操纵面的前部。

配重

辅助配重

隐藏配重   铰链

内部配重

① 波音 B-17 轰炸机　　1935 年, 美国

"飞行堡垒"的主要作用是作为日间战略轰炸机。这种飞机的特点是速度相对较快、飞行高度高、航程较长。此外, 它还非常耐用, 能够承受很大的伤害。B-17 配备了精良的重型防御武器, 但这是以牺牲载弹量为代价的。尽管如此, 这种飞机依然非常高效, 在第二次世界大战中投下的炸弹比其他美国飞机都多。

② 洛克希德哈德逊轰炸机　1938 年, 美国

哈德逊轰炸机是美国制造商洛克希德公司在战争前不久为英国皇家空军制造的, 以当时的超级伊莱克特拉客机为设计原型。该轰炸机在战争的前半段表现良好, 是第一架从不列颠群岛出发、成功击落了敌机的盟军飞机。在后来的交战中, 它逐渐被更大的轰炸机超越, 这些轰炸机可以承装更多的载荷, 航程也更长。

③ 容克 Ju 88 轰炸机　　1936 年, 德国

Ju 88 是德国空军最成功的中型轰炸机, 它的各种子机型生产了超过 15 000 架。它是容克在 20 世纪 30 年代中期设计的, 容克为其配备了超快的速度以使当时的战斗机无法对其进行拦截。该型飞机以其多功能性而闻名, 还可作为夜间战斗机、鱼雷轰炸机、侦察机、教练机和远程护航机使用。

洛克希德哈德逊轰炸机的尾翼

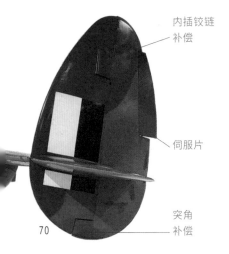

内插铰链
补偿

伺服片

突角
补偿

第二次世界大战中的
轰炸机

④ 横须贺 D4Y 轰炸机　　　1940 年，日本

虽然日本在战争爆发前就已经开始发展 D4Y 型飞机，但制造的延期使得 D4Y 的轰炸机型号直到 1943 年底才投入使用。结果，在战争结束前，日本只生产了 2000 架航母舰载机。D4Y 是当时速度最快的俯冲轰炸机之一，且为了满足日本海军的需求，它的航程也十分可观。

⑤ 伊尔-2 攻击机　　　1939 年，苏联

苏联的伊尔-2 攻击机在战争期间产量惊人，总共生产了 36 183 架，使其成为历史上产量最大的军用飞机。这种地面攻击机经常被称为"空中坦克"，因为它厚重的装甲外壳可以保护机组人员、发动机和油箱。该机型仅装甲就重达 700 千克，约占飞机总质量的 15%。

⑥ 兰开斯特重型轰炸机　　　1941 年，英国

兰开斯特重型轰炸机于 1942 年服役，随着其数量的不断增加，它成为英国皇家空军的主力重型轰炸机。该机型专为夜间轰炸突袭设计，可以携带 6400 千克炸弹，改装后的机型可以携带英国皇家空军巨型的 10 000 千克大满贯炸弹。此外，这种飞机还被广泛应用于摄影侦察、空中测绘以及空中加油。

虽然飞机在第一次世界大战中发挥了作用，但直到第二次世界大战，它们的破坏力才完全得以释放。尤其是轰炸机，它们已经可以携带大量的炸药深入敌人的心脏地带，造成严重破坏。它们攻击地面部队和军舰，轰炸工厂和基础设施。交战双方都试图通过对平民目标的无情轰炸来摧毁对方的意志，无数生命成了战争的牺牲品。

兰开斯特重型轰炸机的尾翼

配重

伺服片

配重

突角补偿

71

第二次世界大战期间扔下的炸弹

在第二次世界大战前不到半个世纪的时间里，人类只能借助滑翔机短暂地升空，或被气球带到空中。然而，到了 20 世纪 30 年代后期，人类在航空领域的发展使人们不仅能够将自己送上天空，还可以携带数量惊人的炸药向敌人投掷。

盟军投掷的炸弹

盟军在战争期间投下了超过 300 万吨的炸弹，其中大部分是由英国和美国投下的。

美国空军 1 325 595 吨

英国皇家空军 1 185 796 吨

其他国家 571 036 吨

＝图中一颗小炸弹
表示 1000 吨炸弹

被炸弹炸死的平民

本图显示的是几个在"二战"中受轰炸影响最严重的国家。图中所示的数字仅代表平民的死亡人数，由于关于这一问题的统计数据有所不同，因此本书采用的是这些数据的平均值。

日本
500 000人

广岛市
120 000人

长崎市
60 000人

德国
420 000人

苏联
500 000人

法国
67 000人

英国
60 000人

意大利
60 000人

第二次世界大战中的
战斗机

第二次世界大战中的战斗机可以用快速敏捷来形容。
第一次世界大战中那些覆盖着织物的木质框架机翼已
成为历史，取而代之的是能够承受更大载荷的光滑铝
制机身。有了更坚固的机身，飞行员可以实现更大角
度的转弯且不必担心机翼脱落；飞机也能承载更重的
重量。更大的负重意味着更多的枪炮、更多的弹药，
当然，还有动力更强劲的发动机，拥有它们，可以更
机动地应对敌人。

① 梅塞施密特 Bf109 战斗机   1935 年, 德国

Bf109 的生产数量比历史上任何战斗
机都多，总共生产了 33 000 架。它击
落的盟军飞机数量也比其他战机击落
的多，因此获得了一个骇人的名声。
"二战"结束后，该型飞机在各个国
家服役到 20 世纪 50 年代，在西班牙
甚至服役直到 1965 年。高效的操作性
能、简洁的设计和易于维修是它成功
的关键。

② 超级马林喷火战斗机   1936 年, 英国

作为军事史上最具标志性的飞机之一，
超级马林喷火战斗机的速度、机动性
和火力在"二战"期间发挥了关键作
用。薄薄的半椭圆形机翼是它最显著
的特点之一，不仅外观优雅，而且空
气动力学效率也很高。算上它的许多
改型，超级马林喷火战斗机的生产数
量比任何其他英国飞机（包括非军事
飞机）都要多。

③ 三菱 A6M 零式战斗机   1939 年, 日本

三菱 A6M 零式战斗机在 1940 年投入
使用时，一度是世界上最强大的舰载
战斗机。出色的机动性使零式战斗机
在空战缠斗方面占据了很大优势，在
战争初期，它的杀伤率曾达到惊人的
12：1。到 1943 年，随着盟军技术的
改进和战术的磨炼，零式战斗机在空
战当中的优势已经不复存在。

④ "台风"战斗机　　　　1940年,英国

"台风"战斗机最初的定位是中高空截击机,但由于研发困难重重,这个目标最终也没能完全实现。然而无心插柳,"台风"成功捕获并击落了1941年德国空军推出的福克沃尔夫Fw190战斗机。作为英国皇家空军唯一能够在低空捕获Fw190的飞机,"台风"找到了新的角色定位——低空截击机。后来,它又成了配备炸弹和火箭的地面攻击机,并获得了成功。

⑤ 北美航空P51"野马"战斗机　　1940年,美国

作为远程战斗轰炸机,P51"野马"在战争中为盟军夺取空中优势带来了巨大帮助。这种飞机最初是为英国皇家空军制造的,早期型号表现不佳,因为早期型号无法稳定在4572米(1.5万英尺)以上飞行,所以整体效果欠佳,并且一度被美国军方忽略。直到更换了动力更强劲的罗尔斯罗伊斯梅林发动机后,P51"野马"才成为真正意义上的王牌战斗机。

"台风"战斗机的机翼

这是"台风"战斗机的主机翼。在副翼的后部,可以看到形式最简单的配平片,即一个铆接在操纵面上的金属片。这种类型的配平片只能(通过弯曲)在地面上调节,纠正飞行过程中一侧机翼低于另一侧机翼的倾向。

"二战"中创造击落战机数量纪录的飞行员

每个飞行员击落敌机的数量各不相同，"王牌飞行员"这个称号最早出现在"一战"中，一般是指击落 5 架或 5 架以上敌机的飞行员。以下是"二战"中拥有王牌飞行员较多的一些国家以及这些国家排名前 5 的王牌飞行员。

德国

埃里希·哈特曼　击落 352 架

◇◇
◇◇
◇◇
◇◇

格尔哈德·巴克霍恩　击落 301 架

◇◇
◇◇
◇◇
◇

京特·拉尔　击落 275 架

◇◇
◇◇
◇◇

奥托·基特尔　击落 267 架

◇◇
◇◇
◇◇◇◇◇◇◇◇◇◇◇◇◇◇◇◇◇◇◇◇◇◇◇◇◇◇◇◇◇◇◇◇◇

沃尔特·诺沃特尼　击落 258 架

◇◇
◇◇
◇◇

芬兰

伊尔马利·尤蒂莱南　击落 94 架

◇◇

汉斯·万德　击落 75 架

◇◇◇◇◇◇◇◇◇◇◇◇◇◇◇◇◇◇◇◇◇◇◇◇◇
◇◇◇◇◇◇◇◇◇◇◇◇◇◇◇◇◇◇◇◇

恩诺·卢卡南　击落 56 架

◇◇◇◇◇◇◇◇◇◇◇◇◇◇◇◇◇◇◇◇◇◇◇◇◇
◇◇◇◇◇◇◇◇◇◇◇◇◇

乌尔禾·莱赫托瓦拉　击落 44 架

◇◇◇◇◇◇◇◇◇◇◇◇◇◇◇◇◇◇◇◇◇◇◇
◇◇◇◇◇◇◇◇◇◇◇◇◇

奥伊瓦·图奥米宁　击落 44 架

◇◇◇◇◇◇◇◇◇◇◇◇◇◇◇◇◇◇◇◇◇◇◇
◇◇◇◇◇◇◇◇◇◇◇◇◇

日本

岩本彻三　击落 80 架

◇◇

福本茂雄　击落 72 架

◇◇◇◇◇◇◇◇◇◇◇◇◇◇◇◇◇◇◇◇◇◇◇◇◇
◇◇◇◇◇◇◇◇◇◇◇◇◇

杉田庄一　击落 70 架

◇◇◇◇◇◇◇◇◇◇◇◇◇◇◇◇◇◇◇◇◇◇◇◇◇
◇◇◇◇◇◇◇◇◇◇◇

筱原弘道　击落 58 架

◇◇◇◇◇◇◇◇◇◇◇◇◇◇◇◇◇◇◇◇◇◇◇◇◇
◇◇◇◇◇◇◇◇◇◇◇◇◇

大村武夫　击落 54 架

◇◇◇◇◇◇◇◇◇◇◇◇◇◇◇◇◇◇◇◇◇◇◇◇◇
◇◇◇◇◇◇◇◇◇◇◇

罗马尼亚

康斯坦丁·坎塔库齐诺　击落 69 架

亚历山德鲁·塞尔巴内斯库　击落 47 架

伊昂·米卢　击落 45 架

丹尼尔·维赞蒂　击落 43 架

都铎·格雷恰努　击落 42 架

苏联

伊万·阔日杜布　击落 64 架

亚历山大·伊万诺维奇·波克雷什金　击落 59 架

格雷戈里·安德烈耶维奇·列奇卡洛夫　击落 58 架

尼古拉·德米特里耶维奇·古拉耶夫　击落 57 架

基里拉·叶夫斯季格涅耶夫　击落 53 架

美国

理查德·I. 邦格　击落 40 架

托马斯·B. 麦奎尔　击落 38 架

戴维·麦坎贝尔　击落 34 架

弗朗西斯·加布莱斯基，昵称"加比"　击落 28 架

格雷戈里·博伊顿，昵称"帕皮"　击落 28 架

英国

詹姆斯·埃德加·约翰逊，昵称"约翰尼"　击落 38 架

罗伯特·罗兰·斯坦福·塔克　击落 30 架

威廉·维尔　击落 30 架

鲍勃·布拉姆　击落 29 架

詹姆斯·莱西，绰号"生姜"　击落 28 架

法国

皮埃尔·克洛斯特曼　击落 33 架

马塞尔·艾伯特　击落 23 架

让·德穆扎伊　击落 21 架

皮埃尔·勒格洛恩　击落 18 架

埃德蒙·马林·拉梅莱　击落 16 架

澳大利亚

克莱夫·考德威尔　击落 28 架

基思·特鲁斯考特　击落 17 架

奈杰尔·卡伦　击落 16 架

阿德里安·戈德史密斯　击落 16 架

雷·克利斯比　击落 16 架

弗兰克·惠特尔

喷气发动机的发明为人类航空业带来了一场革命，它产生的动力和速度将飞机的性能推向了一个全新的领域，而英国皇家空军的弗兰克·惠特尔对此功不可没。20 世纪 30 年代末，弗兰克·惠特尔还是军校中的一名军官工程学员，当时正在撰写关于高速飞行的毕业论文。他聚焦于提高发动机推力这一需求，并逐步摒弃了低效的火箭动力和螺旋桨驱动的燃气轮机，到 1929 年，他将所有精力投入到对纯涡轮喷气发动机的研究中。

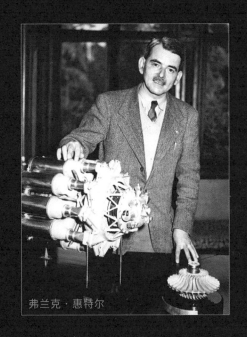

弗兰克·惠特尔

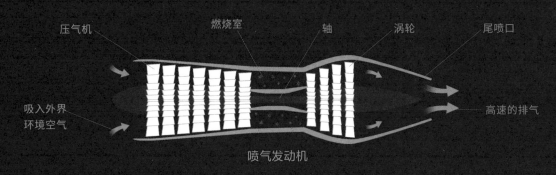

压气机　　　　　　　　燃烧室　　　轴　　　涡轮　　　尾喷口

吸入外界环境空气　　　　　　　　　　　　　　　　　　　　高速的排气

喷气发动机

惠特尔在 1930 年提交了他的第一项专利申请，并在 1932 年获得了批准。然而，在寻找赞助来推动这项技术的发展时，他却遇到了瓶颈。他所在空军的上级认为这种喷气发动机不切实际，对这项技术不予考虑，也没有一家私人公司愿意和他继续探讨这个想法。后来事情终于有了转机，由于惠特尔在军官工程课程上的优异表现，他进入剑桥大学就读。1932 年至 1936 年，他在这所知名学府学习工程学，在这里，他不仅获得了卓越的成绩，更重要的是，他遇到了那些鼓励他坚持自己发明的人。在同事、教授、商人和当地银行家的协助下，惠特尔于 1936 年成立了动力喷气公司，开始研发他的发动机。为了能够继续从事喷气发动机的研发，他将自己在动力喷气公司的大部分股权转让给了英国皇家空军，英国皇家空军因此允许他把一部分时间放在这家公司上。

第一台惠特尔喷气发动机在 1937 年 4 月测试成功。但成功得似乎过了头，研究团队竟无法让发动机停止运转。即使切断了燃油供应，发动机仍在加速！后来发现，这其实是由于泄漏的燃油积存在发动机内部，使它直到燃油全部烧完才停止运转。当发动机最终停下时，大家才长松了一口气。

在惠特尔进行首次实验的两年前，德国物理学家汉斯·冯·奥海因（Hans von Ohain）正在进行一个非常类似的项目。起初，同惠特尔一样，他也很难找到热衷的投资者。但是到了 1936 年初，制造商亨克尔听说了冯·奥海因的工作，提供给他一份合同。在亨克尔的支持下，该项目进展迅速，冯·奥海因不仅获得了充足的资金，还能亲自挑选公司最好的机械师加入到新发动机的研发中。冯·奥海因研制发动机的第一次实验实际上比惠特尔的还要早一个月，但由于惠特尔的发动机在 1930 年就公开申请了专利，所以功劳仍归属于惠特尔。这两位工程师在战争结束多年后相识并成为好友，经常一起在美国各地巡回演讲。

格罗斯特"流星"
第一架英国喷气式战斗机

亨克尔 He-178
第一架喷气式飞机

喷气发动机的发明其实已经是那个时代发展的必然趋势，这么说并不是想要掩盖弗兰克·惠特尔或冯·奥海因的功劳。事实上，这两家公司在相互独立的情况下开发出如此相似的发动机，这件事本身就说明了很多问题。第一个与喷气动力技术有关的专利由法国人马克西姆·纪尧姆（Maxime Guillaume）于 1921 年获得，可它在技术上并不可行。除纪尧姆之外还有几个拥有喷气动力技术专利的人，尽管他们的想法也难以实现，但这的确说明了喷气发动机这个概念正在被尖端人才竞相尝试。

话虽如此，设计喷气发动机是一回事，让材料能够承受内部高温却是另一回事。即便在更早的时候就设计出了完美的喷气发动机，在当时的条件下也不会有能够承受如此高温的材料存在。

汉斯·冯·奥海因

① 梅塞施米特 Me-262　　1942年，德国

梅塞施米特 Me-262 战斗机是世界上第一种投入使用的喷气式战斗机。由于新型发动机的不可靠性和政治方面的干扰，飞机的研发屡次出现推迟，直到 1944 年中期才投入使用。投入战斗的梅塞施米特 Me-262 的速度比任何盟军飞机都要快，装备的武器也更多。然而，由于它加入战局的时间过晚，对战争的结局并没有产生任何实质性的影响。

② 贝尔 P-59 "彗星"　　1942年，美国

贝尔 P-59 战斗机是在第二次世界大战期间设计并制造的，它是美国的第一架喷气式飞机，也是第一架将两台喷气发动机集成于机身中央的飞机。可惜的是，它表现不佳，甚至无法达到当时活塞发动机飞机的飞行速度。由于性能问题，贝尔 P-59 战斗机最终未能投入战场使用，但是它为后来美国军用喷气式飞机的发展铺平了道路。

③ 格罗斯特 "流星"　　1943年，英国

格罗斯特 "流星" 战斗机是英国的第一架喷气式战斗机，也是盟军在 "二战" 中部署的唯一的喷气式战斗机。尽管这种飞机的空气动力学设计不像后来的战斗机那样复杂，但实战证明它是成功的。战后不久，它在飞行速度、续航能力和爬升速度方面都创造了世界纪录。1945 年 9 月，一架改装后的 "流星" 战斗机成了世界上第一架涡轮螺旋桨飞机。

④ 德哈维兰 "吸血鬼"　　1943年，英国

德哈维兰 "吸血鬼" 战斗机最初是作为试验机设计的，后来被证明堪当大用，并在 1946 年开始取代战时的活塞发动机战斗机。德哈维兰公司在使用模压胶合板方面经验丰富，在制造该型飞机时使用了大量的木材，这对喷气式飞机来说非同寻常。德哈维兰 "吸血鬼" 战斗机成为第一架飞越大西洋的喷气式飞机，也是第一架从航空母舰上起飞的纯喷气式飞机。

⑤ 亨克尔 He-162　　1944年，德国

亨克尔 He-162 战斗机在战争快要结束时才仓促投入生产，因此带有一些缺陷。德国的金属在战争结束前已经严重短缺，为了使它成为可以快速并廉价生产的飞机，它在设计中也使用了大量的木材。尽管这种飞机的可靠性不佳，运行得也不成功，但根据驾驶过它的人提供的报告，这种飞机的控制系统轻便且平衡性很好。

第二次世界大战前夕，随着喷气技术的到来，世界上出现了第一批喷气动力的战斗机。到战争结束时，德国、英国和美国都拥有了可操作的涡轮喷气式战斗机。起初由于人们对高速空气动力学理解尚浅，这些早期喷气式战斗机的设计在很大程度上借鉴了之前的活塞发动机飞机。尽管如此，新型发动机带来的强大动力推动这些飞机达到了新的速度和高度，而这种极端的飞行条件也给飞机工程师带来了新的挑战。

早期的喷气式战斗机

产生额外的升力

飞机越大、越重，起飞时需要的离地速度也越大。为了获得更大的离地速度，飞机需要更长的滑跑距离和更长的跑道，但由于地形的限制，这些需求在某些地域是无法实现的。因此，维持现实可行的起飞和着陆距离很有必要。面积更大、弧度更大的机翼可以产生更大的升力，减小离地速度，但它在巡航时的效率却很低，因此会产生更多的阻力导致飞机的航程变短。此外，这里还有一点需要提醒读者，更多的阻力在飞机着陆时有助于降低飞机速度并缩短着陆距离。综合考虑上述因素，人们设计了提高飞机升力的装置。这些装置由飞行员控制，通过改变机翼的形状，可以实时控制机翼产生升力和阻力的大小，从而与不同的飞行阶段相匹配。

❶ 襟翼

襟翼是沿主机翼后缘活动的可动操纵面，通常位于副翼的内侧。当襟翼展开时，它可以增大机翼的弧度，有时还能增大机翼的面积。这增大了机翼产生的升力，也降低了失速速度，使得飞机能够以较低的速度升空。当飞机进入巡航阶段后，襟翼就会被收回，在飞行速度远高于失速速度的情况下，将阻力降至最小。在着陆期间，包括进近阶段，襟翼将再次展开，通过产生阻力并减小失速速度，帮助飞行员从容地控制飞机降落。在许多情况下，展开襟翼会产生一个副作用，即改变飞机的俯仰角，降低飞机的机头，但如果对此加以有效利用，就可以使飞行员更好地看清前方的跑道。

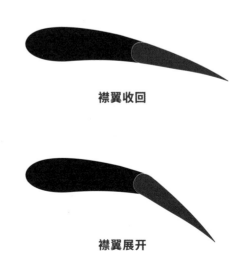

襟翼收回

襟翼展开

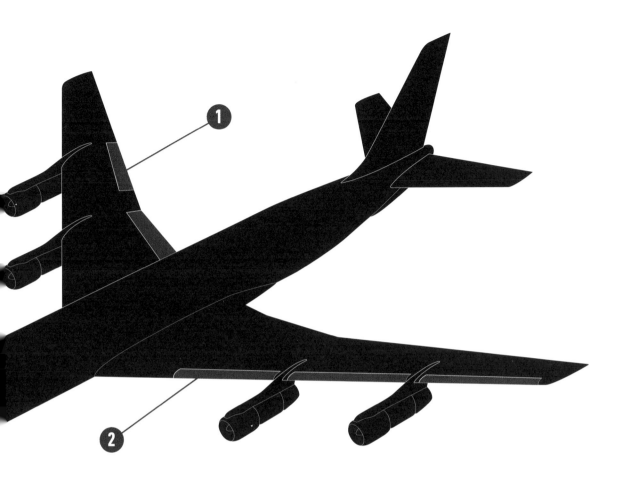

❷ 缝翼

缝翼是沿主机翼前缘活动的可动操纵面。当缝翼展开时，它们从机翼前缘向前移动，打开一个缝隙，让空气可以从机翼前缘的下表面流到前缘的上表面。这增大了机翼的临界角，使得机翼可以在更大的攻角下维持升力。增大临界角在襟翼展开的情况下尤为重要，因为展开的襟翼会增大机翼的攻角。通过使用缝翼，襟翼可以在不失速的情况下更好地伸展，进一步增大机翼的攻角。如此一来，飞机就可以飞得更慢，低速飞行时的操控性得到增强，起降距离也被缩短。同襟翼一样，缝翼在高速飞行时也会产生很大阻力，因此在巡航阶段它们处于收回状态。

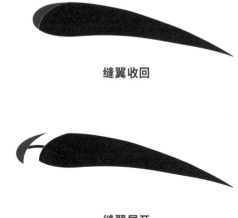

缝翼收回

缝翼展开

襟翼和缝翼

襟翼

襟翼的工作原理比较直观，易于理解。当襟翼收回时，机翼像通常那样产生升力和一定的阻力。当襟翼展开时，机翼的整体形状会发生变化，它的弧度和攻角都会增大。这使得机翼产生的升力增大，而每当升力增大时，阻力也会随之增大。

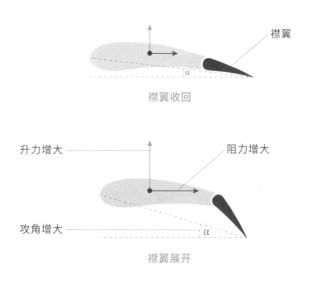

襟翼收回

升力增大　　　　　　　　　　阻力增大

攻角增大

襟翼展开

缝翼

我们知道，随着攻角的增大，临界点会向机翼的前缘移动。从某一时刻开始，机翼的大部分表面将被紊流空气覆盖，升力开始减小，这个角度就是临界角。如果可以增大临界角，那么机翼便能以更大的攻角飞行，并持续产生升力。这就是缝翼的工作原理。缝翼从机翼前缘向前滑出，打开

后与机翼前缘形成一个缝隙，迎面而来的空气就可以从机翼的下表面流到机翼的上表面。这使得机翼上表面的临界点向后移动，翼型的很大一部分得以被层流覆盖，升力因此增大。缝翼展开后，空气的流动就好像机翼的前缘转移到了缝隙所在位置，而不再是缝翼的前部。

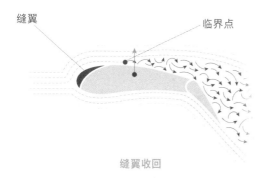

缝翼　　　　　　　临界点

缝翼收回

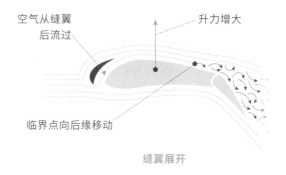

空气从缝翼后流过　　　　　　升力增大

临界点向后缘移动

缝翼展开

增升装置

多年来,人们对各式各样的襟翼和缝翼进行了实验,多项发明获得了专利。通常,人们会将许多增升装置[1]结合在一起用于机翼上,以达到最佳的效果。以下是一些从图纸上脱颖而出并成功投入使用的设计。

1 增升装置一般指机翼增升装置,是机翼上用来改善气流状况和增加升力的一套活动面板。——编者注

基本翼型

基本翼型,无增升装置。

简单襟翼

机翼后缘在安装于襟翼前方的铰链处向下旋转。这种设计应用于简易的机翼。

分裂式襟翼

与简单襟翼类似,区别是机翼后缘延伸至襟翼的上方。这种设计会产生很大的空气阻力。

开缝襟翼

襟翼和机翼之间存在一条缝隙,使空气可以从中流过。这种设计比分裂式襟翼产生的升力更大,阻力更小。

双开缝襟翼

与单开缝襟翼类似,只是性能更好。有些机翼甚至会使用三开缝的襟翼设计。

后退式襟翼

襟翼的前缘安装在一个滑轨上,其中点连接一个旋转臂。这种设计也会产生很大的空气阻力。

富勒襟翼

与分裂式襟翼类似,区别是富勒襟翼在向下转动之前会向后滑动来增大机翼面积。这种设计会产生巨大的升力。

古奇襟翼

与富勒襟翼类似,区别是古奇襟翼在弯曲的滑轨上运动,在增大机翼面积的同时向下转动。这种设计也会产生巨大的升力。

机翼前缘下垂

机翼的整个前缘向下垂以增大翼面弧度。这种设计通常使用在薄机翼的战斗机上。

克鲁格襟翼

与一般的襟翼不同,这种襟翼安装在机翼前缘的下方。它向前伸出以增大机翼的弧度和厚度。

开缝的机翼

在机翼上开孔,没有可动部件,属于缝翼的前身。这种设计可以增大临界角,但也增大了阻力。

固定式缝翼

空气可以从机翼的下表面流向机翼的上表面,这种设计有利于低速飞行,但在高速飞行时产生额外的阻力。

可动的缝翼

在低速飞行时具有普通缝翼的优点,但在高速飞行时可以被收回以降低阻力。

克鲁格
襟翼

升力增大

波音 747 1969 年，美国

当波音 747 于 1970 年投入使用时，航空公司更多地是把期望
寄托于它较长的航程上，而不是它的载客量。在满载的情况下，
波音 747 可以为航空公司提供所有飞机中最低的每座运营成
本，但如果客座率很低，那么飞机的运营成本就会变得很高。
有一些人曾担心，部分机场将难以容纳如此大型的飞机，但这
些问题都不足为虑并且很快就得到了解决。为了让波音 747
这种大型飞机能够以较低的速度（同时产生足够的升力）在机
场跑道上运行，人们在飞机上安装了增升设备。图中这架飞机
即将在希思罗机场着陆，我们可以看到从机翼前缘伸出的克鲁
格襟翼，还有从机翼后缘放出的三开缝襟翼，这些都增加了机
翼的弧度和面积。

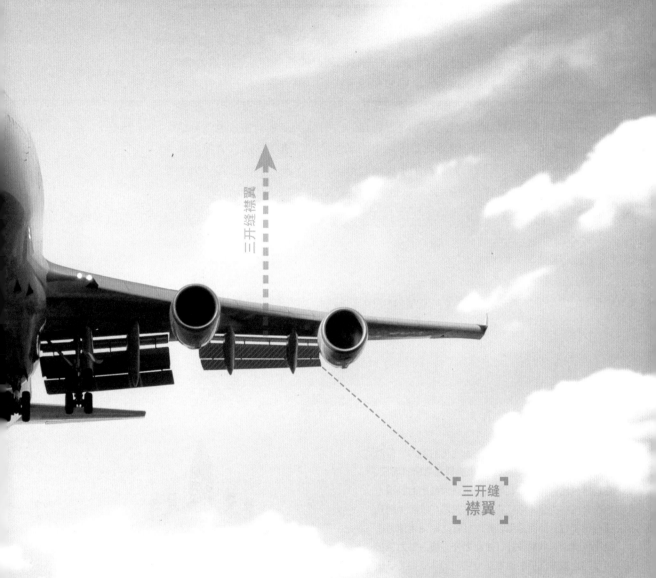

三开缝襟翼

三开缝
襟翼

减小升力，降低速度

就如同增升装置有助于在机翼上产生额外的升力一样，飞机上也安装有旨在破坏升力或有意增加阻力的其他装置。正如前面提到的，降低速度是着陆的关键，而襟翼和缝翼可以帮助实现这一点。襟翼和缝翼产生的阻力是它们产生升力的"副产品"，这在起飞和降落的情况下是理想的，但并不适用于所有情况，特别是在需要制动而不增加升力时。除此之外，在其他情况下，减小升力也是有益的。就比如，当一架飞机需要降低高度而不增加速度时，通常飞行员会使机头朝下飞行来达到这个目的。为了满足上述这些需求，多年来人们已经在飞机上逐步增设了阻力板和扰流板等装置，以进一步提高飞机的操作性和可靠性。

❶ 阻力板

阻力板又称减速板，它可以增大飞机的阻力，但对升力的影响很小。这些次级操纵面只是简单的面板，它们展开后迎向气流，可以产生很大的阻力。阻力板有很多种类型，可以安装在机翼乃至机身上的几乎任何部位。显而易见，在飞机着陆时使用阻力板给飞机减速，效果很好。除此之外，使用阻力板还可以防止某些飞机的速度超出它们的承受能力。比如，对于某架特别的飞机，超过 0.5 马赫的速度可能会引起灾难性的故障，所以为了避免上述情况发生，例如在飞机俯冲时，阻力板就会被展开。螺旋桨飞机可以通过降低发动机的转速来降低飞行速度，然而喷气发动机无法产生这样的制动效果，因此你会看到，大多数喷气式飞机都使用阻力板来降速。

阻力板展开

② 扰流板

扰流板是安装在机翼上部的可动操纵面，正如它的字面意思，其设计目的就是扰乱气流。通过扰乱气流，机翼产生的升力会减小，与此同时，阻力也会增大。扰流板主要分为两种类型：一种扰流板能以不同角度展开，控制飞机的下降率；另一种在飞机着陆后立即展开的扰流板，可减小升力并使飞机在跑道上减速。第一种扰流板对降低飞行高度效果很好，对准备进近着陆的飞行员来说特别有帮助。因为如果没有扰流板，要想降低高度，飞机就不得不向下倾斜，由此导致的飞行速度加快对飞机着陆来说并不理想。第二种扰流板在飞机着陆后完全展开，可以帮助飞机减速，但其最主要的好处是可以迅速减小升力，使飞机"粘"在跑道上，最大限度地减小飞机弹跳，让轮胎刹车开始工作。

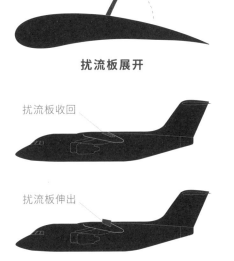

扰流板展开

扰流板收回

扰流板伸出

阻力板和扰流板

阻力板

阻力板的工作原理很简单，就是从飞机上伸出，干扰迎面而来的气流。这样做破坏了整个飞机的空气动力学流线，从而增大了阻力。这两张图显示了飞机在面对气流冲击时如何展开阻力板，呈现出一个更大的轮廓外形。由此增大所谓的"形状阻力"，将会在本书后面详细介绍。另外值得注意的是，阻力板在风中会呈现出一种非常钝的气动外形，与飞机上其他部位那种缓缓收缩的流线型表面截然不同。

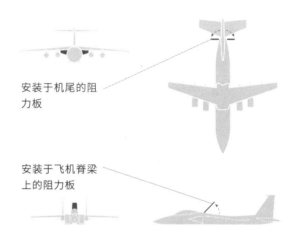

安装于机尾的阻力板

安装于飞机脊梁上的阻力板

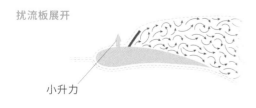

扰流板收回

大升力

扰流板展开

小升力

扰流板

扰流板通过伸入机翼上方的空气来干扰平滑的气流。它们搅动空气，在尾流中留下一个紊流区，阻止机翼发挥产生升力的作用。当它们完全展开时，机翼将失去产生升力的能力，而这正是飞机着陆后的理想状态。在其他情况下，如在飞机的进近过程中，扰流板可以小幅度使用，这样升力的减少就是轻微和可控的。一些飞机上的扰流板能相互独立运作，以在飞机滚转时辅助副翼。

空中客车 A320 1987 年，欧洲

空中客车公司成立于 1970 年，是由欧洲多家飞机制造公司组成的集团。它凭借空中客车系列飞机与波音公司展开了竞争。尽管对手公司历史悠久，但空中客车的市场份额一直在增加，并逐渐与波音公司分庭抗礼。A320 系列飞机是空中客车公司最成功的机型，在这张照片中，一架 A320 飞机正降落在南特。照片中的所有机轮都已接地，两翼上的所有扰流板都完全向上展开，这确保了机翼不再产生升力，飞机的全部重量转移到了起落架上，最大限度地提高了轮胎刹车的效率。我们还可以在照片中看到围绕着发动机的反推装置，这些可动面改变了发动机的推力方向，使向后排出的气流转而向前，从而帮助飞机减速。

扰流板

减小升力

着陆程序

本图描述的是一架飞机的着陆过程，包含了各阶段增升装置的角度和阻力板的使用情况。需要注意的是，不同机型使用的操纵面构型各异，着陆程序也不尽相同。本图中的着陆程序是对现代喷气式客机着陆方式的一个概述。

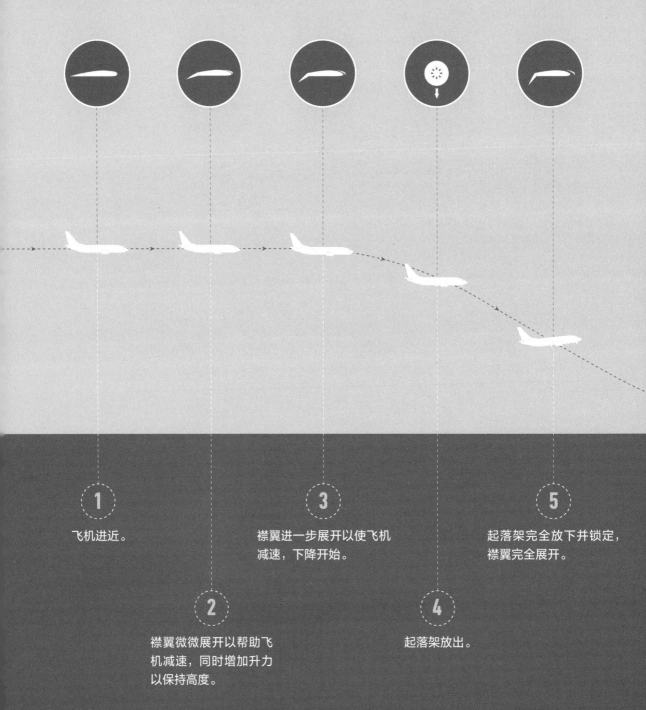

1

飞机进近。

2

襟翼微微展开以帮助飞机减速，同时增加升力以保持高度。

3

襟翼进一步展开以使飞机减速，下降开始。

4

起落架放出。

5

起落架完全放下并锁定，襟翼完全展开。

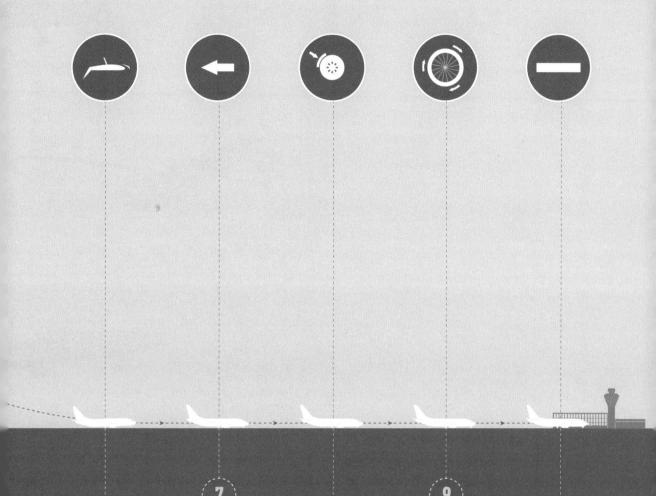

7

启动反推装置，进一步使飞机减速。

9

将发动机设置为怠速状态。

6

飞机触地。扰流板完全展开以减小升力，使飞机在跑道上保持滑行并帮助飞机减速。

8

当飞机适当减速后，轮胎刹车开始工作。

10

飞机停止滑跑。

涡轮螺旋桨飞机和涡轮喷气式飞机
飞得更高的客机

第二次世界大战即将结束时，随着喷气式军用飞机的引入，动力强大的喷气发动机彻底改变民用航空领域也只是时间问题。人们对使用涡轮驱动螺旋桨的发动机进行了实验。涡轮螺旋桨发动机在较短的跑道上证明了自己的价值，它们能使飞机在起飞时加速更快，在着陆时为飞机提供更大的反推力；另外，涡轮喷气发动机给客机带来了更高的高度和更快的速度，并被证明在长途飞行中效率更高。此外，这两种发动机都大大降低了客舱内的噪声和振动。但考虑到喷气式飞机可以在平流层顶部飞行而不再受天气条件的影响，因此喷气发动机的发展将是必然趋势。

① 维克斯"子爵"　　　　1948 年，英国

1953 年，维克斯"子爵"成为第一架投入使用的涡轮螺旋桨飞机。这种飞机平稳的飞行和舒适的舱内环境立刻受到了乘客的欢迎，此外，它的大尺寸舷窗还能让乘客欣赏云端的景色。"子爵"很快在各地畅销，开始为世界各地的航空公司提供服务。

② 德哈维兰"彗星"　　　　1949 年，英国

1952 年，德哈维兰"彗星"作为世界上第一架商用喷气式客机投入使用时，看上去未来感十足。与竞争对手活塞式飞机相比，它可以缩短 50% 的飞行时间。可是，满怀希望地运行了 18 个月后，几场灾难性事故迫使机队停飞。超高的飞行高度使机体承受了无法预料的压力，造成了飞机的疲劳损坏，尽管这种缺陷在后期得到纠正，但其作为客机的声誉受到了严重损害。

③ 南方航空"快帆"　　　　1955 年，法国

南方航空"快帆"客机是法国的第一架喷气式客机，它因首先将发动机安装在机身后部而闻名，同时它也是第一架专为中短程航线设计的喷气式飞机。自 1959 年问世后，这种飞机迅速成为欧洲最成功的喷气式客机之一。"快帆"客机远销海外，整个职业生涯漫长而成功，最后一架该机型客机于 2004 年退役。

④ 洛克希德 L-188 伊莱克特拉 1957年，美国

洛克希德 L-188 伊莱克特拉客机是美国生产的第一种大型涡轮螺旋桨飞机。该型飞机拥有非凡的功率质量比，加上大型富勒襟翼产生的升力，使得它在短跑道上的表现比许多现代喷气式运输机都要好。不幸的是，在经历了两次致命事故和昂贵的改装后，它再没收到更多的订单。

⑤ 波音 707 1957年，美国

20世纪60年代之前，波音公司以它的军用轰炸机闻名，但在民用航空市场上落后于竞争对手，这一切都随着1958年波音707的推出而改变。该飞机在美国国内、跨大陆和跨大西洋的航线上表现良好，在整个20世纪60年代的航空旅行中占据主导地位。波音707的成功使波音公司成为世界领先的客机制造商。

⑥ 道格拉斯 DC-8 1958年，美国

道格拉斯公司在整个20世纪50年代都是商业航空领域的领头羊，后来它面临着来自波音公司的激烈竞争。由于波音707在道格拉斯DC-8之前面世，尽管道格拉斯DC-8仍被证明具有很强的竞争力，但它还是没能如预期的那样成功。一些人认为道格拉斯DC-8优于波音707，因为相比之下许多DC-8客机拥有更长的服役寿命。

稳定性

飞机的稳定性是指飞机在偏离航线后,在飞行员没有任何输入的情况下,回到原来飞行路径的能力。例如,如果突然有一阵风推动飞机沿着新的航线飞行,而飞机的反应是偏离原来的航线,那么它就是不稳定的。如果飞机的反应是回到最初的航线,那么飞机就是稳定的。

飞机设计方面的许多因素决定了它的稳定性。每架飞机因此都有各自的"固有稳定性"。虽然这个术语可以用来描述飞机的整体稳定性,但这并不意味着飞机在所有飞行条件下都是稳定的。例如,一架飞机可以在水平直线飞行时保持稳定,但在倒转或俯冲时可能会变得不稳定。民用飞机对稳定性的要求通常很高,原因是稳定的飞机对飞行的要求较低,而且它们可以时常纠正航线以保持平直飞行,因此通常更加安全。另外,战斗机本身的不稳定让它们更加灵活,但也需要飞行员高度集中注意力才能驾驶。许多现代战斗机非常不稳定,如果没有计算机的协助,它们将无法飞行。

决定飞机稳定性的主要因素是机翼的位置、形状及其设定的角度。接下来的内容,我们将介绍不同的机翼形状和结构如何影响飞机的稳定性。

稳定性概述

就像飞机的运动可以用其绕三个方向轴之一的转动来描述一样,飞机的稳定性亦是如此。单独研究每个轴的稳定性是理解飞机设计特征如何影响其稳定性的唯一方法。由于飞机在设计上的变化是无穷的,飞机有可能在所有轴、两个轴、一个轴上保持稳定,也有可能在所有轴上都不稳定。

在继续研究影响飞机稳定性的设计特征之前,我们先看看两种类型的稳定性——静态稳定性和动态稳定性,理解它们是如何影响飞机性能的。虽然本页的图只显示了纵向稳定性如何对飞机产生影响,但其实每个轴的稳定性原理是相同的。

纵向稳定性是围绕着俯仰轴的稳定性

横向稳定性是围绕着横滚轴的稳定性

方向稳定性是围绕着偏航轴的稳定性

静态稳定性

静态稳定性是指飞机在受到干扰时返回到原始位置的初始趋势。

正静态稳定性

飞机在受到干扰后能恢复到原来的姿态。如果紊流导致机头抬起,飞机能立即恢复到初始的水平姿态,飞机就具有正静态稳定性。

中性静态稳定性

飞机在受到干扰后有了新的姿态。如果紊流导致机头向上倾斜 5°,并且机头可以保持在这个角度,那么飞机具有中性静态稳定性。

负静态稳定性

飞机在受到干扰时持续偏离原来的姿态。如果紊流导致机头向上倾斜,并且倾斜角度持续增大,飞机就具有负静态稳定性。

动态稳定性

动态稳定性是指飞机随着时间的变化对干扰的响应。

正动态稳定性

飞机的振动会随时间减弱。如果向后拉动操纵杆，让机头向上仰起，然后松开操纵杆，机头将向下倾斜，而后再上仰、再下倾，角度越来越小，直到恢复水平姿态。

中性动态稳定性

飞机的振动不随时间减弱。如果将操纵杆向后拉，使机头向上仰起，然后松开操纵杆，机头会以同样的幅度向下倾斜，而后再上仰、再下倾，循环往复，永远不会恢复水平姿态。

负动态稳定性

随着时间的推移，飞机的振动幅度越来越大。如果不加上手动控制，飞机的任何俯仰动作都将导致幅度越来越大的振动。

碗和球

这个类比可以帮助我们用更熟悉的日常事物来描述动态稳定性。

正动态稳定性

在这种情况下，碗里的球非常稳定。如果一个力作用在球上，球就会沿着碗的一边向上滚动，然后再回到碗的另一边，不断重复这个过程，直至球在初始的位置停下来。

中性动态稳定性

在这种情况下，球在一个平面上，具有中性的动态稳定性。如果一个力作用在这个球上，它就会滚动；如果没有摩擦力和空气阻力，球就会一直朝着被推的方向运动。

负动态稳定性

在倒置的碗上保持平衡的球具有负动态稳定性。如果一个力作用在这个球上，球的速度会随着高度的下降而增大，它会加速从碗上滚落下来。

"冠军" 飞机于 1945 年投产，为的是与从 1938 年就开始试飞成功的派珀 "幼狐" 飞机相抗衡。"冠军" 飞机的发布正值轻型飞机需求旺盛之时，所以可以看出 1946 年轻型飞机的销量显著飙升。"冠军" 总体上优于 "幼狐"，其气泡状风挡玻璃为飞行员提供了极佳的视野。"冠军" 飞机的设计表现非常好，以至 2007 年又重新投入生产。

自 1947 年至今，这种可搭载 5 名乘客的 "富豪" 飞机一直在持续生产，比其他任何飞机的生产时间都要长。它的 V 形尾翼使其成为空中最知名的私人飞机，这种设计在空气动力学方面效果很好，但需要更多的驾驶技巧。一些人称 "富豪" 飞机为 "尾巴开叉的杀人医生"，因为它曾使一些过度自信的业余飞行员遭遇事故。这种飞机也有传统式尾翼的版本。

约德尔 D.11 为越来越多的飞行俱乐部而设计，价格非常实惠。向上倾斜的翼尖增加了这款飞机的稳定性，使其成了非常受欢迎的机型。约德尔 D.11 获得了欧洲及其他地区很多制造商的生产许可，许多飞机都是由业余爱好者按照福尔克纳公司的安装说明手工组装的。

私人飞机

第二次世界大战结束后，随着成千上万接受过飞行训练的飞行员重返平民生活，飞行作为一种休闲娱乐活动受到了广泛的欢迎。战争还让数百万人接触到了航空，开阔了人们的视野，也激起了人们飞上天空的渴望。随着社会重新繁荣起来，人们对轻型飞机的需求量猛增，而飞机制造商也乐于迎合大众的这种需求，并提供了非常丰富的选择，包括运动型的、外观现代的、更便宜的，乃至供人自己组装的飞机。这些飞机设计简单、易于维护、方便操作，在空中稳定性很好，非常适合 "兼职飞行员"。然而，这种繁荣并没有一直持续下去，到 20 世纪 50 年代，许多轻型飞机制造商要么倒闭，要么被更大的公司吞并。

④ 比亚乔 P.149　　　1953年, 意大利　　　⑤ 赛斯纳 172 "天鹰"　　　1955年, 美国　　　⑥ 派珀 PA-28 "切诺基"　　　1960年, 美国

比亚乔公司是世界上最古老的飞机制造商之一。它成立于1884年, 靠制造船舶和火车起家。拥有5个座位的P.149具有很强的飞行能力, 起初它在市场上并没有获得成功, 直到德国空军选择它作为训练机使用。比亚乔公司向德国交付了72架飞机。另外190架由获得了生产许可的福克沃尔夫公司在德国制造。

赛斯纳公司卖出了世界上最多的飞机, 最畅销的赛斯纳172 "天鹰" 无疑是他们的旗舰机型。该型飞机一面世就获得了巨大成功, 第一年就生产了超过1400架。20世纪80年代, 这种3座(不包括驾驶席)飞机曾经停产, 但在1996年恢复生产, 并延续至今。这种飞机一直在更新设计, 推出了很多衍生机型。

派珀公司的下单翼 PA-28 "切诺基" 是赛斯纳172 "天鹰" 的直接竞争对手, 也是一个值得被尊敬的对手, 自1961年以来一直连续生产。它最初是一个双座或4座的轻型飞机系列, 后来这个飞机系列扩展出了更多的分支。加长机身的 "切诺基" 可以容纳6人, 在20世纪70年代后期, 配备了涡轮增压发动机的构型具有了更强的动力。

生产数量

轻型通用飞机是航空史上生产最多的机型之一。这些轻型飞机的数量远远超出那些大型、昂贵的客机，而且不像军用飞机那样需要一直处于性能的前沿，因此它们没有更新换代的需求。有些型号的轻型飞机已经连续生产超过 50 年。

赛斯纳 172
44 000

派珀 PA-28
33 000

赛斯纳 150/152
31 500

生产时间线

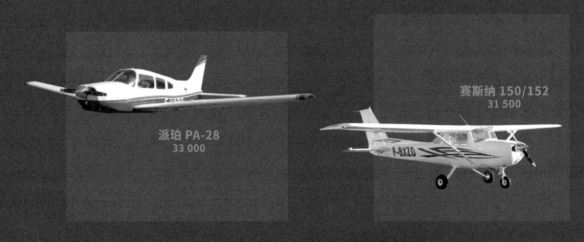

| | 1940 | 1945 | 1950 | 1955 | 1960 | 1965 |

赛斯纳 172
派珀 PA-28
赛斯纳 150/152
赛斯纳 182
派珀 J-3 "幼狮"
比奇 "富豪"
派珀 "步行者"
艾龙卡 "冠军"
赛斯纳 210
比奇 18

赛斯纳 182
23 500

派珀 J-3 "幼狮"
20 000

比奇 "富豪"
17 000

派珀 "步行者"
10 500

赛斯纳 210
9 000

艾龙卡 "冠军"
10 000

比奇 18
9 000

1975　　1980　　1985　　1990　　1995　　2000　　2005　　2010　　2015

横向稳定性

横向稳定性是衡量飞机在其横滚轴上的稳定水平指标。也就是说，如果一阵风或操纵杆的意外轻推导致飞机开始横滚，它的横向稳定性就是其自己恢复平飞的可能性。本页介绍的4个主要设计特点是影响飞机横向稳定性的因素，在后面我们还将说明这些设计特点是如何工作的。

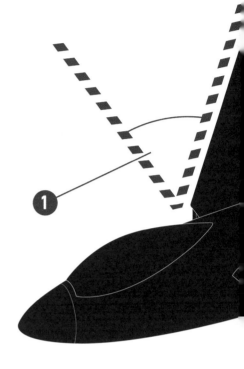

❶ 机翼后掠

后掠翼前缘的翼根更靠近机头，翼尖更靠近机尾。各种飞机机翼的后掠程度各不相同，有些飞机的机翼不后掠，甚至在某些罕见的飞机上存在前掠的机翼。

机翼后掠   机翼不后掠   机翼前掠

❷ 垂直尾翼的高度和面积

飞机垂直尾翼的高度和面积影响着飞机在滚转和持续滚转方面的倾向。

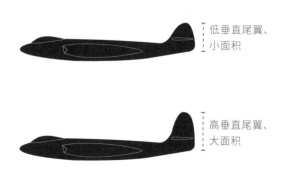

低垂直尾翼、小面积

高垂直尾翼、大面积

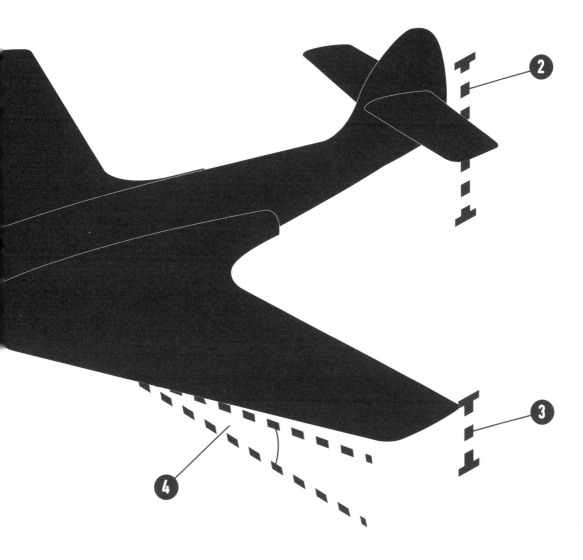

❸ 机翼高度

从主机翼到飞机重心的相对高度对飞机的横向稳定性有显著影响。飞机的重心可以在主机翼的上方，也可以在主机翼的下方。

❹ 机翼反角

机翼反角是用于描述机翼基准面与水平面之间的夹角。上反角意味着机翼从翼根向翼尖翘起，下反角意味着机翼从翼根向翼尖高度下倾。

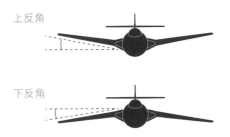

机翼后掠与横向稳定性

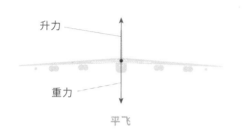

平飞

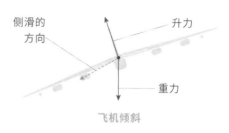

飞机倾斜

侧滑

在研究飞机的横向稳定性之前，需要了解什么是飞机的侧滑行为，即飞机倾斜时产生横向飘移的自然趋势。与总是竖直向下作用的重力不同，升力通常与主机翼成直角，因此当一个机翼比另一个机翼低时，机翼产生的升力不仅将飞机向上推，还将飞机向一侧推。从上面的图中就可以看到，

左边是水平飞行的飞机，右边是侧滑的飞机。在水平飞行中，当机翼水平时，整体升力直接向上作用，不会发生侧向力。然而，当飞机向左倾斜时，可以看到机翼产生的升力是向左上方的，这就导致飞机向左侧滑而且高度有所损失。

机翼后掠

当后掠翼的飞机发生侧滑时，流过两个机翼的空气流量是不同的。这是因为飞机不再笔直地迎风飞行，而是沿斜线移动。在这种情况下，两个机翼相对于迎面而来的空气呈现出了不同的轮廓。从上图可以看出，当飞机笔直地飞入气流时，两

个机翼各自与等量的空气相互作用，产生等量的升力。当飞机向左侧滑时，左侧机翼接触到更多的空气，因此会产生更大的升力。由于较低的机翼比较高的机翼产生更大的升力，所以飞机会自动恢复水平。

机翼后掠

波音 B-52
"同温层堡垒"轰炸机 1952 年，美国

波音 B-52"同温层堡垒"轰炸机自 1955 年以来一直在
美国空军服役。这种远程战略轰炸机可携带 32 000 千克
的武器，一次加满油可飞行 14 000 千米以上。由于其出
色的性能、相对较低的运营成本和近年来的升级改造，它
预计可以服役到 2050 年。它的后掠翼有助于提高飞机的
横向稳定性。

波音 C-17
"环球霸王" Ⅲ 运输机 1991年，美国

这种巨大的运输机可以搭载 77 500 千克的部队或货物。它能够在未铺柏油的跑道上起飞和降落，跑道可以短至1100 米，这使得它能够在冲突地区附近执行任务。这张照片中的 C-17 运输机正在蓝岭山脉上空翱翔，它的横向稳定性得益于其巨大的垂直尾翼（或者说是垂直安定面），这种设计可以充分抑制飞机的滚转。

抑制横滚

巨大的
垂直尾翼

垂直尾翼和横向稳定性

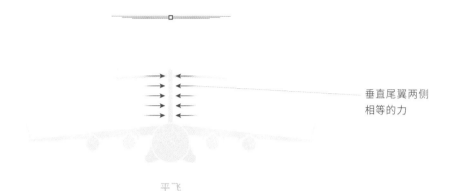

垂直尾翼两侧
相等的力

平飞

垂直尾翼

当飞机水平直线飞行时，假设没有侧风，作用于飞机两侧的力是相等的。然而，当飞机倾斜时，飞机下降的一侧会插入气流中，因此会遇到阻力。与之相反，远离空气的另一侧将进入一个低压区域。由于这一效应，具有更大和更平侧面的飞机对横滚的抵抗力更强。由于垂直尾翼的大部分表面积朝向飞机的侧面，所以它的大小对飞机的横向稳定性影响很大。此外，由于它向上延伸，远离飞机的重心，因此其提供的转向力更大，对飞机的影响更强。虽然前面提到飞机的整个侧面影响其横滚和侧滑的倾向，但飞机能否达到所需的横向稳定性的水平基本上取决于垂直尾翼的形状。毕竟，改变尾翼的设计形状比改变飞机整体的侧面形态更加实际。

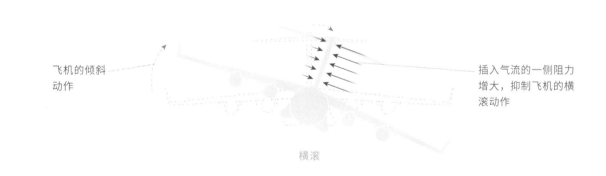

飞机的倾斜
动作

插入气流的一侧阻力
增大，抑制飞机的横
滚动作

横滚

在飞机设计的各个方面，设计师必须考虑多种因素，有时可能还需要做出一些妥协。上图中的飞机可能对横向稳定性的要求很高，因此设计师选择了一个巨大的垂直尾翼，但这可能会损害飞机其他方面的性能。例如，尾翼增大后，飞机后部的重量会增加，飞机的重心会后移，如果发动机失灵，飞机就无法再安全地滑翔了。更大的尾翼可能会产生足以破坏机身的空气作用力。

机翼高度和横向稳定性

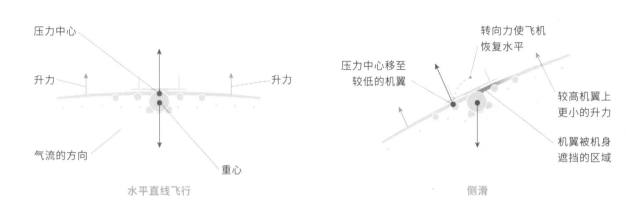

压力中心

升力   升力

气流的方向

重心

水平直线飞行

转向力使飞机
恢复水平

压力中心移至
较低的机翼

较高机翼上
更小的升力

机翼被机身
遮挡的区域

侧滑

侧滑与压力中心

当飞机水平直线飞行时，压力中心位于两个翼尖连线的中心，也就是飞机的中线上。因为两个机翼都处于相同的气态条件下，所以它们产生的升力是相等的。而当飞机侧滑时，下降的机翼产生的升力比上升的机翼大。出现这种现象的原因是：当飞机侧移（并向前飞行）时，机身阻碍了部分气流流向较高的机翼，使其产生的升力减小。由于一个机翼比另一个机翼产生更多的升力，压力中心从飞机的中线向较低的机翼移动。由于压力中心不再和重心一样保持在飞机的中线上，升力和重力共同作用产生了一个转动力，使下降的机翼抬起。

中单翼   上单翼   高单翼

飞机侧滑时，
压力中心与重心距离较小

飞机侧滑时，
压力中心与重心距离较大

机翼高度与飞机重心

正如上文所讲，飞机在侧滑过程中，较高的机翼失去升力，产生了帮助飞机恢复水平的转动力。这种力受飞机的压力中心和重心之间距离的影响。压力中心和重心之间的距离越远，转动力

与其产生的扭矩就越大。上图中描述了机翼较高的飞机更易于在侧滑的过程中恢复水平姿态的原因，那就是其产生的转动力更大。

安东诺夫
安-22 运输机 1965 年，苏联

安-22 运输机自推出以来一直是世界上最大的涡轮螺旋桨飞机。这架运输机能够承载80 000 千克的重量，创造了各种有效载荷纪录和承载有效载荷的飞行高度纪录。它的悬臂式上单翼有助于提高其横向稳定性，双垂直尾翼取代了对巨大的单垂直尾翼的需求，因为尾翼过大会使飞机难以进入某些飞机库。

上单翼

重心较低

道格拉斯 C-47
"空中列车"
1941 年，美国

DC-3 客机取得的巨大成功令人刮目相看，而
C-47 是它的军用改型。C-47 的一些改进包
括：大型的货舱门、加固的地板和起重机附件。
同 DC-3 一样，C-47 的机翼也有明显的反角，
这使飞机在横滚时更加稳定。

机翼
反角

机翼反角和横向稳定性

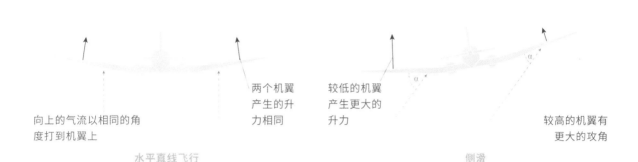

向上的气流以相同的角
度打到机翼上

两个机翼
产生的升
力相同

水平直线飞行

较低的机翼
产生更大的
升力

较高的机翼有
更大的攻角

侧滑

机翼反角

机翼从根部向尖端倾斜的角度，称为机翼反角，它对飞机的横向稳定性起着重要作用。当一架装有反角机翼的飞机迎面进入气流时，两个机翼产生的升力相同，这和我们预想的一样。然而，当飞机侧滑时，气流从侧面和下方接近飞机，两个

机翼上产生的力将不再平衡。侧滑时，较低机翼的攻角显著增大，并产生更多的升力。因此，下降一侧较低的机翼上产生的额外升力围绕横滚轴形成一个转动力，使飞机恢复水平飞行。

上反角机翼

无反角机翼

下反角机翼

多反角机翼

上反角机翼、无反角机翼和下反角机翼

如前面讲到的，翼尖向上的机翼被称为上反角机翼，也叫作正反角机翼。装有该种机翼的飞机，其横向稳定性更好。翼尖向下的机翼被称为下反角机翼，又叫作负反角机翼。装有下反角机翼的飞机并不常见，因为它们本身就不稳定，可能只

有对敏捷度要求极高的军机有这种需求。如果一架飞机的机翼是完全水平的，那么该机翼被称为无反角机翼，这种机翼的稳定性非常一般。弯曲的、角度有变化的机翼被称为多反角机翼。

最长的翼展

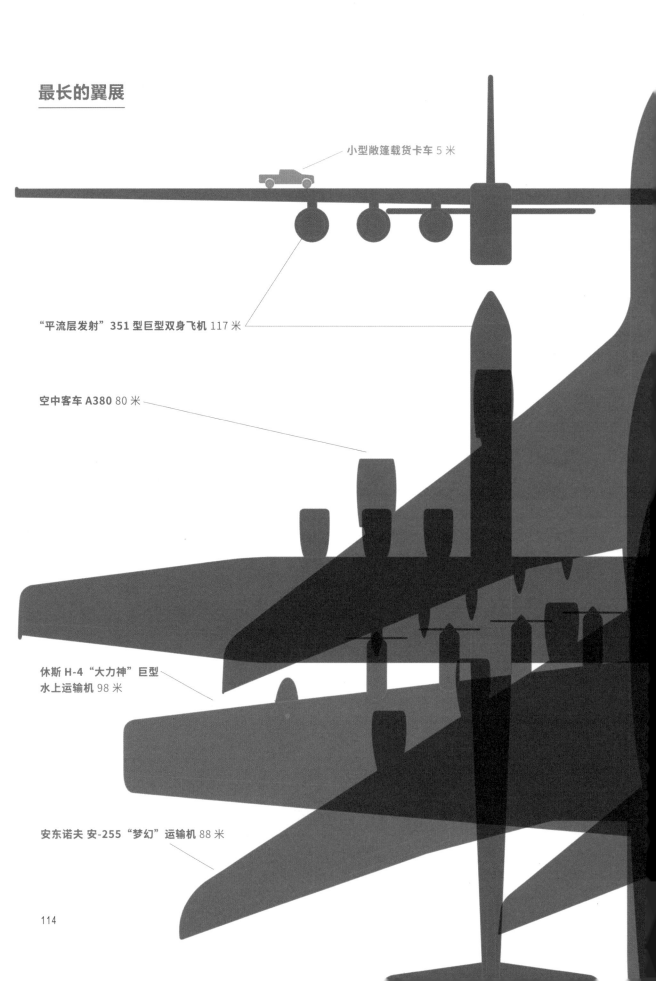

小型敞篷载货卡车 5 米

"平流层发射" 351 型巨型双身飞机 117 米

空中客车 A380 80 米

休斯 H-4 "大力神" 巨型
水上运输机 98 米

安东诺夫 安-255 "梦幻" 运输机 88 米

赛斯纳 172 11 米

方向稳定性

飞机的方向稳定性是指飞机沿偏航轴短暂转向后自动恢复航向的能力。换句话说，如果有一个力使飞机的机头向左或向右转动，造成飞机偏航，飞机是否能够自动纠正自己的航向？方向稳定性与横向稳定性密切相关，因此影响它们中的一个因素往往也会影响另外一个。

❶ 重心到垂直尾翼的距离

垂直尾翼的大小影响飞机的方向稳定性，影响原理与其对横向稳定性的影响原理一样。然而，对方向稳定性来说，垂直尾翼的影响在于其到飞机重心的水平距离，而非垂直距离。

到垂直尾翼的距离较短

重心

到垂直尾翼的距离较长

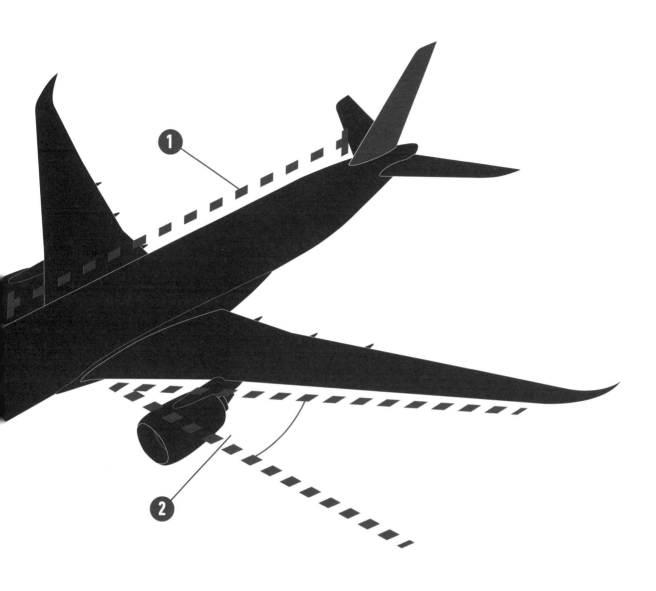

❷ 机翼后掠

机翼后掠对方向稳定性有一定的影响，但不如垂直尾翼对方向稳定性的影响那么明显。机翼的后掠角大小决定了它对方向稳定性的影响程度。

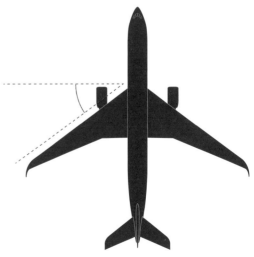

重心到垂直尾翼的距离与方向稳定性

偏航

任何作用于飞机侧面的力都会产生使飞机偏航的转向力。飞机偏航的方向取决于力作用的位置，如右图所示。位于飞机重心前的向左的力会把机头推向左边，如果同样的力作用在重心之后，它会把机尾推向左边，使飞机向右偏航。垂直尾翼的两个大而平的纵向表面，使它特别容易受到侧向力的作用，因此对方向稳定性的影响很大。

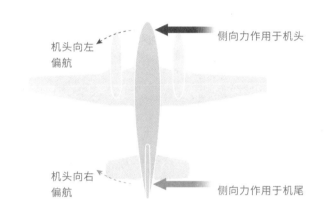

机头向左偏航

侧向力作用于机头

机头向右偏航

侧向力作用于机尾

飞机正面飞入迎面而来的气流，作用在飞机两侧的力是相等的，不会发生偏航。

如果一个不稳定的力作用在飞机上，导致飞机偏航，迎面而来的空气将作用于飞机的一侧，使这一侧的压力上升。

得益于垂直尾翼大而平的侧面，作用于重心后的转向力比作用于重心前的转向力大，所以飞机可以回到原来的航向。

重心到垂直尾翼的距离

如果增大飞机的垂直尾翼，飞机的方向稳定性会提高，横向稳定性也会一并提高，但这可能并不符合设计初衷。然而，可以通过延长飞机重心到垂直尾翼的距离，使垂直尾翼围绕偏航轴产生一个更大的转向力，从而增强飞机的方向稳定性。又因为垂直尾翼的高度和面积可以保持不变，所以横向稳定性不会受影响。

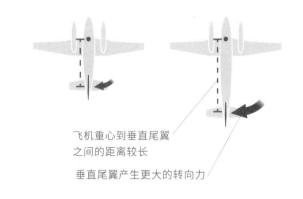

飞机重心到垂直尾翼之间的距离较长

垂直尾翼产生更大的转向力

比奇"空中国王" 1963 年，美国

比奇公司生产的"空中国王"飞机装有两台涡轮螺旋桨发动机。该型飞机自 1964 年生产至今，被企业和私人用户、军队和政府组织广泛使用。因为"空中国王"的主机翼和发动机都安装在比较靠前的位置，所以飞机的重心更靠近机头。由于垂直尾翼远离重心，因此它对方向稳定性的影响较大。

重心到垂直
尾翼的距离

重心

机翼后掠

达索"猎鹰"20 1963 年，法国

"猎鹰"20 是一架在 1965 年至 1991 年间生产的 8 座
至 14 座公务机。在 20 世纪 70 年代早期，当联邦快
递公司还在创立之初时，"猎鹰"20 承载了联邦快递的
第一封航空邮件。除其他气动特征外，达索"猎鹰"20
的后掠翼有助于提高飞机的方向稳定性。

机翼后掠与方向稳定性

机翼后掠

主机翼向后掠的角度对飞机方向稳定性的影响与其对横向稳定性的影响类似。由于机翼后掠，当飞机以一定角度飞行时，两个机翼对迎面而来的气流呈现出了不同的轮廓。我们可以在右图中看到，对方向稳定性来说，当飞机向右偏航后，左侧机翼比右侧机翼接触到更多迎面而来的空气。当与更多的空气相撞时，左侧机翼上形成了更大的阻力，由此产生的转向力使飞机恢复直线航向。

机翼上的较大阻力可纠正飞机的航向

飞机受到干扰前的姿态

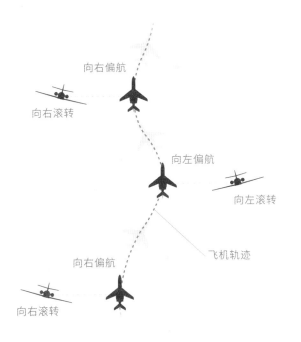

向右偏航

向右滚转

向左偏航

向左滚转

飞机轨迹

向右偏航

向右滚转

荷兰滚

一些飞机容易出现一种叫作"荷兰滚"的现象，即在受到干扰后，它们的尾翼会左右摇摆，同时其飞行轨迹也会左右摇摆。这是由于横向稳定性与方向稳定性彼此不同步。如果横向稳定性更强，它会比方向稳定性更快地纠正飞机的侧滑。而方向稳定性对偏航的纠正相对滞后，在它发挥作用前，机尾已经水平越过了使飞机保持直线飞行的点。由于偏航太多，飞机在相反的方向上又开始侧滑，循环往复。

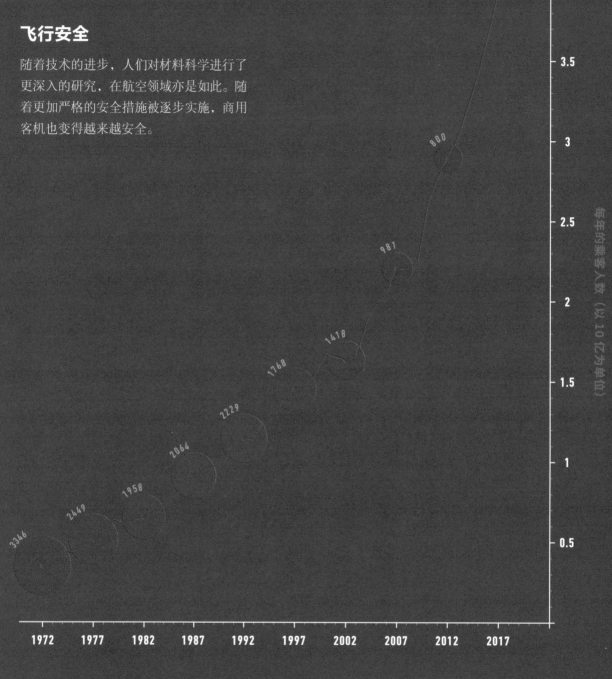

飞行安全

随着技术的进步，人们对材料科学进行了更深入的研究，在航空领域亦是如此。随着更加严格的安全措施被逐步实施，商用客机也变得越来越安全。

399

800

987

1418

1768

2229

2064

1958

2449

3346

1972 1977 1982 1987 1992 1997 2002 2007 2012 2017

每年的乘客人数（以10亿为单位）

每年的事故死亡人数

更多的乘客，更低的死亡率

几十年来尽管乘客人数明显增加，但因飞机事故造成的死亡人数却逐年减少。本页的数据不包括军用飞机。

目前在生产的喷气式客机

图波列夫

图 -204

庞巴迪

CRJ

三菱

MRJ

伊尔库特

MC-21

空中客车

A380

A350 XWB

A330

A320

A220

安东诺夫

安 -148/ 安 -158

巴西航空工业

ERJ

E-Jet

伊留申

伊尔 -96

波音

747

777

787

767

737

中国商飞

ARJ21

C919

苏霍伊

超级喷气机
SSJ100

纵向稳定性

飞机的纵向稳定性是指飞机在上下颠簸后恢复水平飞行的能力。纵向稳定性的影响解释起来更容易，因为它不会干扰其他两种类型的稳定性（方向稳定性和横向稳定性），而方向稳定性和横向稳定性则会相互影响。整个飞机的形状以及飞机重心的靠前或靠后都会影响飞机的纵向稳定性。除此之外，飞机设计中还有另一个影响纵向稳定性的因素值得我们研究。

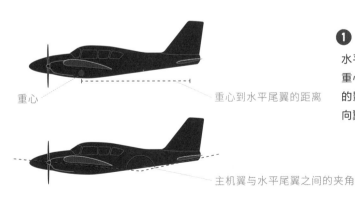

重心

重心到水平尾翼的距离

主机翼与水平尾翼之间的夹角

❶ 水平尾翼的放置

水平尾翼与主机翼之间的夹角，以及水平尾翼与重心之间的距离，都对飞机的纵向稳定性有一定的影响。主机翼与水平尾翼之间的夹角称为"纵向翼差角"。

水平尾翼与纵向稳定性

水平飞行

当飞机水平直线飞行时，飞机的水平尾翼不断地施加一个小的向下的力，以保持飞机的平衡。如果没有这个力，那么作用于飞机重心处向下的重力以及推动机翼向上的升力将导致飞机下俯，使机头向下。水平尾翼距离飞机重心越远，它对飞机施加的俯仰力就越大。因此，通过将水平尾翼放置得离重心更远，需要由其产生的影响飞机俯仰的力就相应地更小，那么水平尾翼也就可以被设计得更小。右图中两架飞机的水平尾翼提供相同的转动力，以保持飞机水平。距离重心近的水平尾翼被设计得更大，而距离重心远的水平尾翼被设计得更小。

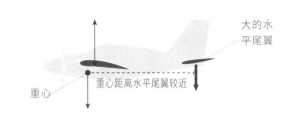

大的水平尾翼

重心

重心距离水平尾翼较近

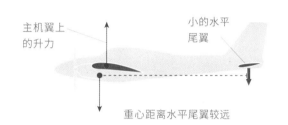

主机翼上的升力

小的水平尾翼

重心距离水平尾翼较远

修正俯仰

当一股干扰力导致飞机上仰时，主机翼和水平尾翼的攻角会瞬间增大。正如前面讲到的，攻角的增大会伴随升力的增大，因此主机翼和水平尾翼上的升力都会增大。然而，由于水平尾翼与重心的距离较远，具有更大的杠杆作用，其产生的转动力比主机翼更大。在这个转动力的作用下，机尾将会上升，使飞机恢复水平飞行。如果飞机被气流推动着向下倾斜，那么效果与前面相反，主机翼和水平尾翼的升力都会减小，但由于水平尾翼距离重心更远，它将产生更大转动力。

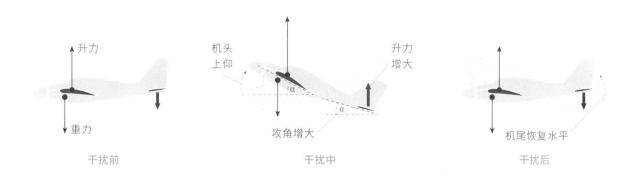

升力

重力

干扰前

机头上仰

攻角增大

升力增大

干扰中

机尾恢复水平

干扰后

① 苏霍伊 苏-47 战斗机 1997年，俄罗斯

这架试验性战斗机最显著的特征是它的前掠机翼。这种非常规的设计使飞机在空战中具有出色的机动性，并减少了阻力。苏-47从未投入大规模生产，仅仅生产了一架。尽管如此，苏-47在复合材料和线控飞行系统方面的进步将在未来的苏霍伊飞机上展现。

② 英国宇航"鹞"Ⅱ战斗机 1985年，英国/美国

最初的鹞式飞机在20世纪60年代后期被研发出来并投入使用，是那个时代唯一获得真正成功的垂直起降飞机。矢量推力为飞机提供了更强的飞行制动和更好的转弯率，而上下反角机翼确保它不会"过于稳定"。飞行员们用"冷酷无情"这个词来形容鹞式战斗机。

③ 格鲁门 X-29 战斗机 1984年，美国

X-29是美国制造的第一架喷气式前掠翼飞机。这种飞机的设计目标是测试前掠机翼在高速飞行时的特性，仅生产了两架。这两架飞机前前后后执行了数百次研究任务。该飞机具有特殊的机动性和超声速性能，与其他战斗机相比，飞行员可以在更大的飞行攻角下对它进行控制。

与我们在前文看到的如何使飞机稳定的例子相反，本页展示的是一些有意被设计得不稳定的飞机。不稳定性通常是军用战斗机希望达到的，因为这可以使战斗机具有更好的机动性。尽管如此，在其他类型的飞机上有时也会使用这种设计。

不稳定的设计

④ 罗克韦尔-MBB X-31 验证机　1990年, 美国/德国

X-31 是美国罗克韦尔公司和德国梅塞施密特-伯尔科-布洛姆公司（MBB）合作的成果，是增强型战斗机机动性计划的一部分。X-31 飞机上设置了很低的小三角翼，给飞机带来了高度的横向不稳定性，但使其在横滚时非常灵活。X-31 实现了在 70° 攻角下的可操控飞行，这远远超出了正常飞机的可操控范围。

⑤ 通用动力 F-16 战斗机　1974年, 美国

F-16 被称为"放宽稳定性限制"的飞机，这意味着它在空气动力学上有轻微的不稳定性。它也是第一种被大规模生产的具有不稳定设计的战斗机。当 F-16 飞机问世时，它在与其他飞机的对抗中表现良好：在亚声速飞行时，F-16 具有很高的战斗敏捷性；而在超声速飞行时，F-16 变得非常稳定，这让它在高速飞行时更加安全。

⑥ 麦克唐纳-道格拉斯 MD-11 客机　1990年, 美国

"放宽稳定性限制"的设计不仅用于军用飞机，也可以用于商用飞机。MD-11 客机的重心非常接近主机翼的升力中心，这使得它在纵向上更加不稳定，但也意味着使飞机保持水平所需的力变得更小。因此，水平尾翼的尺寸可以被设计得更小，从而减少其产生的阻力。

阻力

阻力作用于任何通过流体介质的固体，产生与固体移动方向相反的力。这很容易理解，毕竟我们都经历过这种感觉。在骑自行车、坐过山车时，每个人都体验过空气对我们向后的拉扯。

然而，诱导阻力是一种特殊类型的阻力，只影响升力体，如机翼。这是机翼下方产生的高压空气与机翼上方产生的低压空气相互作用的必然结果。当两种气流相遇，它们相互缠绕，形成巨大的涡流，并延伸到飞机后面很远的地方。涡流越大，阻力越强。

减小阻力是设计更高效的飞机的关键。通过科学实验、风洞测试和计算机建模，飞机设计者能够采取措施来实现这一点。接下来，我们将仔细研究阻力形成的原因，尤其会关注诱导阻力以及飞机设计者为减少阻力而开发的功能。

阻力概述

阻力是任何固体通过流体时受到的一种力。它的作用方向与固体移动方向相反，是由流体与固体相撞而产生的。

寄生阻力

一般来说，阻力主要是由物体的形状和平滑度引起的。诱导阻力只影响升力体，所以我们将单独讨论这个问题。物体的形状决定了它的"形状阻力"，而物体的平滑度决定了它的"表面摩擦阻力"。这两种来源的阻力统称为"寄生阻力"。正如光滑发亮的表面比粗糙的表面产生的表面摩擦阻力更小，窄的流线型物体比圆钝外形的物体产生的阻力更小，右图描绘了各种形状物体的形状阻力和表面摩擦阻力各占全部寄生阻力的百分比：最上面的例子是一个二维板，它相对于迎面而来的空气没有轮廓，所以它的所有阻力都是表面摩擦的结果；最下面的例子是同一块二维板，但板子是垂直于气流的。由于它没有与气流平行的表面，所以它的所有阻力都来自形状阻力。

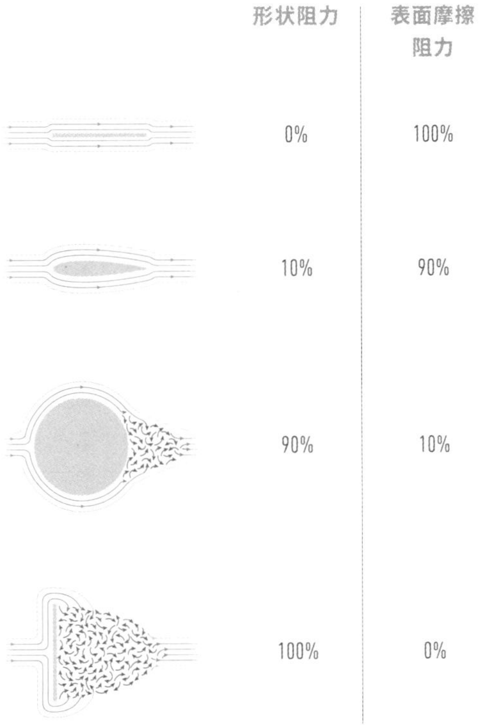

	形状阻力	表面摩擦阻力
	0%	100%
	10%	90%
	90%	10%
	100%	0%

阻力系数

物体的阻力系数被用于描述该物体产生阻力的大小。高阻力系数的物体会产生很大的阻力，低阻力系数的物体会产生很小的阻力。这个系数本身是没有意义的，但它可以被代入方程中，继而算出阻力值。另外值得注意的是，阻力系数可以随物体的速度变化，它并不总是一个恒定的数值。

阻力系数

下图展示了很多常见的形状和一些我们熟悉的物体的阻力系数。

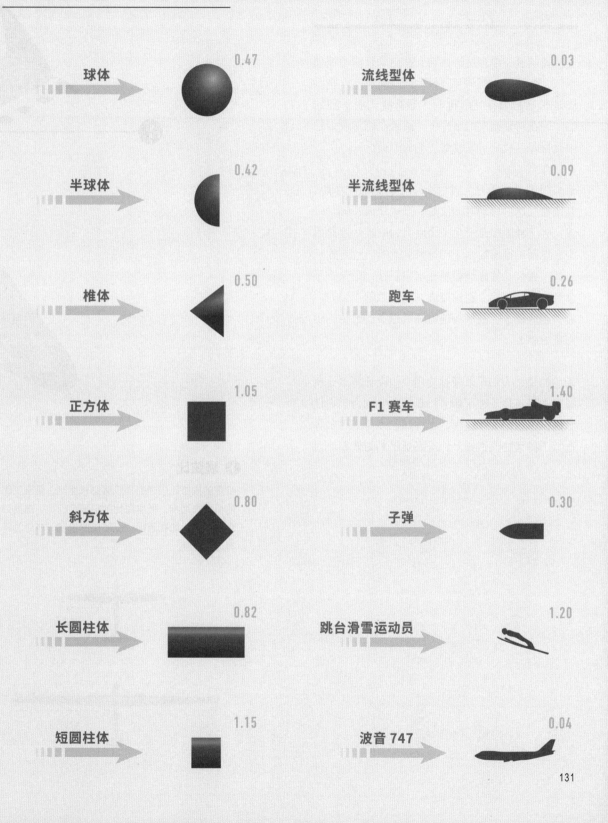

球体 0.47	流线型体 0.03
半球体 0.42	半流线型体 0.09
椎体 0.50	跑车 0.26
正方体 1.05	F1 赛车 1.40
斜方体 0.80	子弹 0.30
长圆柱体 0.82	跳台滑雪运动员 1.20
短圆柱体 1.15	波音 747 0.04

诱导阻力

当机翼从气流中穿过时，它会在运动过程中搅动空气，从而产生延伸至飞机后面的涡流。这些涡流是诱导阻力存在的证明，通常我们看不到它们，但在特别潮湿的条件下，或者在烟雾或云层中飞行时，我们可以看到它们的痕迹。

诱导阻力是产生升力时一个不可避免的副作用，就像船在水中移动时无法避免产生尾流一样。一艘又大又钝的船会产生一个巨大的航迹，这是因为它推开了很多的水；与这种低效的航行方式相比，一艘细长的流线型船在水中航行，则几乎不会产生任何波浪。在这方面，涡流类似于船的尾流，涡流越大，被破坏的流体就越多，产生的阻力也就越大。

幸运的是，人们可以通过使用一些设计特点让诱导阻力最小化。在了解了机翼的空气动力学特性和涡流产生的关系之后，工程师们多年来对机翼进行了持续的改进设计，提高了机翼的效率。

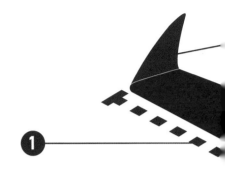

❶ 展弦比

机翼的展弦比描述的是机翼的长宽比，高展弦比的机翼长而窄，低展弦比的机翼短而宽。高展弦比的机翼，如在滑翔机上使用的机翼，产生的诱导阻力更小。

低展弦比

高展弦比

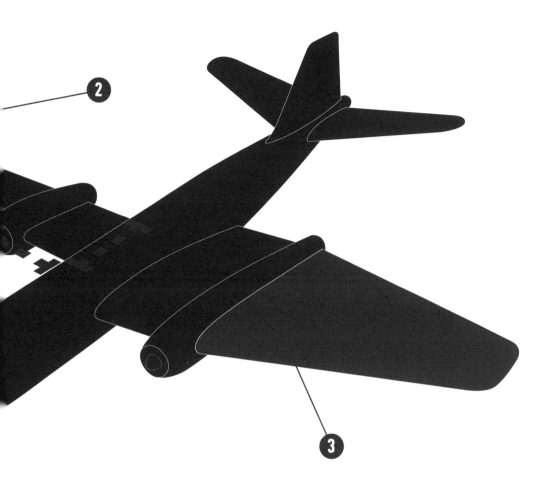

❷ 翼尖装置

翼尖装置是为了减小翼尖涡流而设计的部件,以此减少阻力并提高效率。该装置还提高了在翼尖附近产生的升力。

❸ 锥形翼

为了减少阻力,飞机的机翼通常被设计成从根部到翼尖越来越窄的锥形。这种锥形不仅体现在机翼的宽度上(从机翼上方俯视观察),也体现在机翼的厚度上(从机翼前方直视观察)。

翼尖装置

翼尖装置

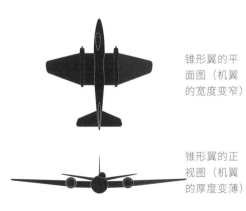

锥形翼的平面图(机翼的宽度变窄)

锥形翼的正视图(机翼的厚度变薄)

诱导阻力

翼尖效应

我们在前文提到过，当机翼在空气中移动时，其下方会产生高压，上方会产生低压。由于气体总是试图从高压区流向低压区，机翼下方的空气将沿着阻力最小的路径从机翼底部流向顶部。这个现象在翼尖非常明显，高压空气从翼尖的下方溢出，与上方的低压空气相遇。这就是所谓的"翼尖效应"，如上图所示。由于高压空气滚动到机翼顶部，翼尖效应破坏了翼尖附近的升力。翼尖效应的另一个后果是，机翼周围流动的空气偏离了正常的轨迹。如下图所示，由于空气在翼尖周围溢出，机翼顶部的气流向内朝机身倾斜；与之相反，机翼底部的气流向外扩散，因为翼尖附近的空气被吸引到了上方。

机翼顶部

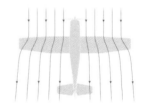

机翼底部

翼尖涡流

如上文所说，气流在机翼顶部向内流动，在机翼底部向外流动，人们已经通过使用飘带或烟雾的实验清楚地证明了这一现象。这些来自顶部和底部的气流沿着机翼后缘以一定的角度相遇并相互缠绕，形成涡流。这些涡流快速结合在一起，成为一个大的涡流，并从翼尖脱落。

涡流形成

完全成形的翼尖涡流

涡流的
核心

麦克唐纳－道格拉斯 F/A-18
"大黄蜂"战斗机 1978 年，美国

F/A-18 既是战斗机又是攻击机，可以携带多种
炸弹和导弹。它能够从航空母舰上起降，具有超
高的气动特性和良好的推重比。当它倾斜时，翼
尖涡流的核心变得清晰可见。由于翼尖处的空气
旋转得非常快，压力非常低，导致水汽凝结，留
下了我们可以观察到的痕迹。

展弦比

长度

宽度

G02

PH-1432

DG 飞机制造公司
DG-1000　　2000 年，德国

这种双座滑翔机有 18 米和 20 米翼展的子型号。长而薄的机翼是滑翔机的典型特征，为了尽可能长时间地在空中飞行，它们必须尽最大努力减小阻力。

展弦比

机翼面积与展弦比

如我们所知，机翼产生的升力与它的表面积成正比。从右图可以看出，虽然这些机翼的展弦比各不相同，但它们都有相同的面积。我们可以做出合理的假设，它们产生的升力和阻力都是一样的，然而事实并非如此。实验表明，在产生阻力方面，高展弦比的机翼相比低展弦比的机翼有一个虽小却不容忽视的优势。

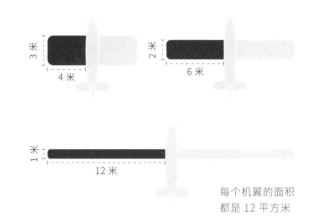

每个机翼的面积
都是 12 平方米

展弦比与诱导阻力

诱导阻力的产生一部分是由于高压空气从翼尖上方溢出，因此尽量减少翼尖周围的空气溢出量将有助于减小阻力。这实际上是发生在窄翼飞机上的情况，原因是它的翼尖占整个机翼的比例较小。下图是高展弦比机翼和低展弦比机翼的对比，从中可以看到，低展弦比机翼的翼尖允许更多的空气溢出，这就增加了诱导阻力。尽管又长又细的机翼效率更高，可还是有其他因素限制了它们的实际寿命。又长又细的机翼结构薄弱，所以它们需要增加强度，那么重量也会随之增大。此外，跑道、机场门和机库门的大小也是限制机翼尺寸的现实因素。

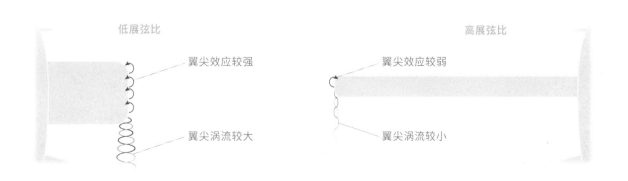

低展弦比   高展弦比

翼尖效应较强   翼尖效应较弱

翼尖涡流较大   翼尖涡流较小

滑翔机

① 施莱歇尔 ASK 13 滑翔机　　1966 年，德国

ASK 13 滑翔机是有史以来最受欢迎的训练滑翔机之一，原型机于 1966 年首次试飞，到 1978 年，施莱歇尔公司已经生产了大约 700 架该型号的飞机。由于维修起来非常方便，并且容易从失速和尾旋[1]中恢复控制，这种双座滑翔机成了初学者的理想选择。

————————
1　一种非正常的飞行状态，是指攻角超过临界角后，飞机进入一种连续的螺旋状态。——编者注

② 格拉斯伏吕格 H-201 滑翔机　　1967 年，德国

H-201 滑翔机非常轻且通常情况下很容易操作，因此受到了飞行员们的欢迎。虽然有着诸多优点，但它那效果很差的减速板却使飞机的短着陆变得非常棘手。尽管如此，该型滑翔机还是在滑翔比赛中获得了成功，它在 1968 年的世界锦标赛中获得了第二名。

③ 舍恩普 - 赫斯 双座滑翔机　　1993 年，德国

拥有 20 米翼展的舍恩普 - 赫斯滑翔机的机翼略微前掠，这使得后排飞行员更加靠近重心。作为一架多功能滑翔机，机上配备的两个座位让它很适合用于训练教学。另外，它优越的性能对经验丰富的飞行员来说有着很强的吸引力。

④ 兰格"心宿二"20E 滑翔机　　2003 年，德国

"心宿二"20E 滑翔机是一架自行起飞的电动滑翔机。飞机的双叶螺旋桨由电动机驱动，而机翼上的电池则为电动机提供动力。充一次电，飞机可以爬升到 3048 米（1 万英尺）。该型飞机具有卓越的高速性能，它有 3 种不同翼展的构型，分别为 18 米、20 米和 23 米。

⑤ 施莱歇尔 ASG 32 滑翔机　　2014 年，德国

这款双座滑翔机有 3 种型号，包括：没有发动机的纯滑翔机 ASG 32、带有可收回的发动机和螺旋桨的自行起飞滑翔机 ASG 32 Mi，以及电动滑翔机 ASG 32 El（它安装的发动机可以持续飞行 100 千米）。

纵观历史，德国在滑翔机方面一直处于领先地位。第二次世界大战结束后，国际社会对德国实施了军事限制，德国空军被迅速遣散，军机也都被销毁。尽管没有了飞机，成千上万训练有素的飞行员凭着对航空的热爱，迅速组建了很多滑翔俱乐部。此外，德国众多的山脉也为滑翔机的翱翔提供了绝佳条件，让飞行员们将滑翔变成了艺术。

克劳斯·奥尔曼

克劳斯·奥尔曼可以说是有史以来最成功的滑翔机飞行员。他在漫长而辉煌的职业生涯中，创下了 50 多项纪录，其中 36 项世界纪录得到了国际滑翔委员会的认可。他凭借高超的技术和丰富的经验在高海拔地区进行科学研究。得益于他勇于冒险的精神，滑翔机的性能极限得到了极大的扩展。

克劳斯·奥尔曼

奥尔曼于 1952 年在德国的诺伊施塔特出生，他在那里长大并成了一名牙科医生。一次偶然的机会，他乘坐了一架双座飞机，并被它深深吸引。完成学业后，他发现了自己对飞行的热情。起初他只是在平地上空飞行，但很快就对高山滑翔产生了兴趣。凭借着对这项运动的热情，多年来他坚持不懈地磨炼技术，到后来，他决定放弃牙医的工作，全身心投入到飞行事业当中。为了追逐理想，他搬到了法国南部的塞勒斯，以便充分利用阿尔卑斯山的环境。他还在当地成立了自己的滑翔俱乐部。

在 20 世纪 70 年代后期，奥尔曼成了德国滑翔界的常胜将军。到 1984 年，他已经成为欧洲冠军，并转为职业运动员。当他意识到滑翔机运动在阿尔卑斯山地区很受欢迎，且许多滑翔机驾驶员都不知道如何飞大航线后，他在 1984 年第一次完成了环绕南阿尔卑斯山的引导飞行。有了他的指引，那些滑翔机驾驶员就能毫不费力地从地中海飞到勃朗峰了。

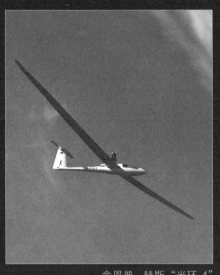

舍恩普 - 赫斯 "光环-4"

直到今天，奥尔曼的滑翔学校还在传授其专攻的引导飞行，奥尔曼把自己在该地区飞行的经验传授给付费的学员。他作为飞行引导的角色很简单，他飞到哪里，其他人就跟到哪里。通过这种方式，学员们学会了如何在山脉中飞行，如何以极快的速度飞越很远的距离，以及如何在热上升气流之间的航线上飞行。

此外，奥尔曼还会驾驶一架双座飞机，用它搭载不同经验水平的学员，让他们学习滑翔的技巧。老师和学员并排坐在一组相连的控制装置后面，这样当他移动操纵杆和踏板时，学员就能感觉到自己的脚和手也在跟着动。对学员来说，这是一种直观的学习方式。

1998 年，奥尔曼与他人共同创立了山波项目（Mountain Wave Project），该项目致力于研究大气中的波浪是如何形成的，以及与这些波浪相关的紊流。奥尔曼希望通过了解这些现象来提高飞行的安全性和飞行员的培训水平，他还希望通过增加飞行的刺激性和创造纪录来提高滑翔运动的形象。2003 年，他在阿根廷驾驶舍恩普 – 赫斯制造公司的"光环 –4"型滑翔机，以 15 小时 17 分钟的时长完成了史上最长的滑翔飞行，航程 3009 千米。此外，奥尔曼还从事一些其他项目，包括测量大气中的气溶胶水平、拍摄航空照片，以及精确测量喜马拉雅山的地质结构，从而对该地区进行 3D 测绘。对地形的准确测绘可以帮助科学家更好地预测山体滑坡，帮助登山者做好旅行准备，并在出发前为他们指明紧急路线。2014 年，奥尔曼征服了珠穆朗玛峰，成为第一个驾驶滑翔机飞越世界最高峰的人。

除了滑翔机运动员这个身份外，奥尔曼还是一名作家、电影制作人和感染力十足的专业演说家，他能用德语、英语、法语和西班牙语进行演讲。近年来，他一直是可再生能源的形象代言人，因为他认为滑翔是代表清洁燃料的极限运动。而他也的确驾驶过电动飞机，并创下了纪录。2017 年，德国航空航天学会授予克劳斯·奥尔曼第 16 届奥托·李林塔尔奖章，以表彰他在山地滑翔运动中的杰出成就，以及对高山地区大气研究做出的贡献。

8848.86 米

珠穆朗玛峰

翼尖装置

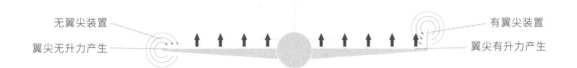

无翼尖装置　　　　　　　　　　　　　　　　　　　　　　　　　　有翼尖装置

翼尖无升力产生　　　　　　　　　　　　　　　　　　　　　　　翼尖有升力产生

翼尖装置

翼尖装置，也被称为"翼梢小翼"，旨在提高飞机的升阻比。翼尖装置有几种类型，它们的设计目标是相同的。如前文提到的，从翼尖顶部溢出的高压空气破坏了翼尖产生的升力，而通过添加一个翼尖装置，可以使高压空气不再简单地绕着翼尖旋转，而是必须向上越过该装置。上图中的飞机在右边的机翼上安装了一个翼尖装置，使得高压空气不再回到翼尖顶部的水平区域。由于机翼现在可以产生额外的升力，翼梢小翼在没有增加机翼实际长度的情况下达到了增加机翼长度的效果。

大的涡流　　　　　　　　　　　　无翼尖装置　　　　　　　　　　小的涡流　　　　　　　　有翼尖装置

减小涡流

翼尖装置周围的气流很复杂，因此必须对每架飞机的翼尖装置进行仔细的设计和测试。简言之，翼尖装置设法将一些原本会产生涡流的能量转化为一种升力，这种升力或多或少地作用于运动方向。这样就减少了整体阻力，产生较小的涡流。减小翼尖涡流的大小对附近的飞机也有好处，因为翼尖涡流可能会给其他飞机的飞行带来危险。

我们在下图中可以看到，涡流在飞机的侧后方引起气流上升，在飞机的正后方又引起气流下降。这意味着任何不幸的直接穿过涡流的飞机都将失去稳定。起初，飞机会被抬起，然后下坠，然后再被抬起，这可能会造成灾难性的后果。通过使用翼尖装置，涡流的强度减小了，而涡流存在的时间也缩短了。

上升气流　　　　　　　　　　下沉气流　　　　　　　　　　上升气流

翼尖
装置

空中客车 A320

① 波音 737 　　　1967 年, 美国

波音 737 是世界上最畅销的商用喷气式客机, 有 13 种型号, 载客量从 85 人到 215 人不等。该型飞机在 190 个国家的 500 多家航空公司中运营, 在其生命周期中运送了超过 120 亿名乘客。从 2014 年开始, 波音 737 的一些子型号 (如 737-800) 上就使用了双叉弯刀小翼, 燃油成本因此降低了 5.5%。

② 波音 747 　　　1969 年, 美国

波音 747 是最早的"巨型喷气式客机", 也是第一架宽体 (机身足够宽, 可以容纳两个过道) 商用喷气式客机。早期的机型能够搭载 480 名乘客, 后来又推出了加大版机型, 这使得波音 747 保持了 37 年的载客量纪录。该型经典飞机因其驾驶舱后部凸起的顶层甲板而具有极高的辨识度。

③ 利尔喷气 28 　　　1977 年, 美国

利尔喷气不是喷气式客机制造商, 它是一家私人公务机制造商。然而, 之所以在这里提及利尔喷气 28, 是因为它是第一种量产的带翼梢小翼的飞机。翼梢小翼带来的性能和燃油效率的提高被飞机过时的发动机抵消, 这些发动机噪声大、油耗高。非常不幸, 这种可载客 8 人的飞机在商业上并不成功。

④ 空中客车 A320 　　　1987 年, 欧洲

空中客车 A320 系列飞机与波音 737 是直接的竞争对手。空中客车 A320 在波音 737 之后 20 年投入使用, 并成了销售最快的喷气式客机, 占有相当大的市场份额。第一架配备翼梢小翼的 A320 飞机于 2012 年交付使用, 空中客车公司将翼梢小翼称为"鲨鳍", 提升后的性能可使飞机在不消耗燃油成本的前提下增加 450 千克的有效载荷。

⑤ 空中客车 A380 　　　2005 年, 欧洲

空中客车 A380 是目前世界上最大的客机, 在配备大容量座位时其载客量可达到惊人的 853 人。在可用空间方面, 它比最接近的竞争对手波音 747-8 大 40%。然而, 随着航空业越来越倾向于使用上座率更高的小型飞机, 空中客车 A380 的销量并没有预期的那么好。

现代喷气式客机为乘客提供了机上娱乐设施、加冰的饮料和安静的巡航环境。乘客的舒适度对航空公司来说非常重要。航空公司旨在通过增加一点奢侈的享受和额外的服务来提高客户的满意度，这样公司的市场份额就会增长。此外，还有一件事对航空公司来说同样重要，那就是燃油效率。由于燃油是航空业最大的成本之一，因此任何对燃油的节省都是非常有益的。再加上 20 世纪 70 年代初期的石油危机使燃油价格飞涨，所以喷气式客机的制造商被鼓励去生产更省油的飞机。这种更经济、更环保的飞机发展趋势一直持续到今天，许多喷气式客机选择使用如翼尖装置这些功能来节约燃油。

现代喷气式客机

波音 737

2018 年，第 10 000 架波音 737 飞机离开了工厂。这种飞机多如牛毛，任何时候都有平均 1250 架波音 737 飞机在空中飞行。

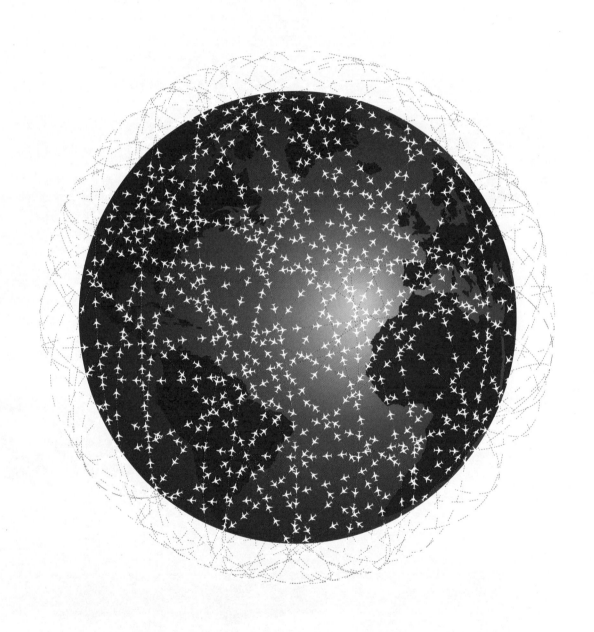

=1 架目前正在飞行中的波音 737

喷气式客机的载客量

本页展示的是世界上最大的几种客机。所示数字代表了飞机可配置的最大客容量（不包括商务舱和头等舱）。

空中客车 A380-800

载客量 853

波音 747-8

载客量 700

波音 747-400

载客量 660

波音 777-300

载客量 550

空中客车 A340-600

载客量 440

波音 777-200

载客量 440

翼尖窄

翼根宽

锥形翼

英国电气公司
"堪培拉"轰炸机 1949 年，英国

"堪培拉"是英国第一架喷气式轰炸机，一直在英国皇家空军服役到 2006 年。它是历史上第一架不间断飞越大西洋的喷气动力飞机。在 20 世纪 50 年代的大部分时间里，它可以飞得比世界上任何飞机都高。从发动机向外逐渐变窄的机翼，使"堪培拉"的外观显得十分独特。

锥形翼

锥形翼的类型

从俯视视角看，机翼在水平方向上的宽度可以越来越窄；而从正视视角看，机翼在垂直方向上的厚度也可以越来越薄。这两种类型的渐缩技术可以在同一个机翼上结合使用，它们都有助于减少翼尖涡流和相关的诱导阻力。锥形翼在结构上也有优势，其轻巧的翼尖需要的支撑更少，而更厚、更宽的翼根可以更牢地固定在机身上。

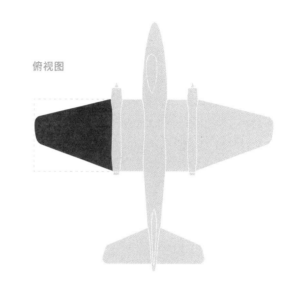

俯视图

正视图

逐渐变窄的机翼平面

当机翼在水平方向上变窄时，翼尖下方的面积更小。因此，更少的高压空气会从翼尖底部溢出到顶部，这使得翼尖涡流减少，这与拥有窄翼尖的高展弦比机翼类似。

逐渐变薄的机翼厚度

薄机翼产生的升力较小（至少在亚声速的情况下是如此）。因此，较薄的机翼其机翼底部和顶部之间的压力差较小。由于更小的压力差意味着翼尖涡流会更弱，所以阻力也会更小。

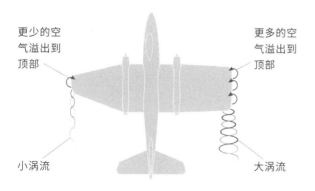

更少的空气溢出到顶部

更多的空气溢出到顶部

小涡流

大涡流

更少的空气溢出到顶部

更多的空气溢出到顶部

翼尖底部空气压力较低

翼尖底部空气压力较高

赛斯纳 172
1

赛斯纳 172
2

艾龙卡 "轿车"
3

艾龙卡 "轿车"
4

派珀 "幼狐"
5

柯蒂斯 "知更鸟"
6

史汀生 SM-1F "底特律人"
7

柯蒂斯 "知更鸟"   17 天 12 小时 17 分钟
8

布尔 "空中大轿车"   10 天 6 小时 43 分钟
9

鲁坦 "航行者"   9 天 3 小时 44 分钟
10

瑞安 B-1 "四轮马车"   7 天 4 小时 31 分钟
11

大西洋飞机公司 - 福克 C2A   6 天 15 小时 40 分钟
12

1 1959 年 2 月 7 日

2 1958 年 9 月 21 日

3 1949 年 10 月 10 日

7 1930 年 7 月 4 日

8 1929 年 7 月 30 日

9 1929 年 7 月 12 日

23 天 1 小时 41 分钟

27 天 5 小时 34 分钟

30 天 6 小时

米

0   5   10   15   20   25   30   35

④ 1949 年 4 月 26 日

⑤ 1939 年 10 月 30 日

⑥ 1935 年 7 月 1 日

40 天 0 小时 2 分钟

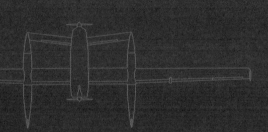

⑩ 1986 年 12 月 23 日   第一架不加油完成了不间断环球飞行的飞机

46 天 20 小时

50 天 0 小时 18 分钟

⑫ 1929 年 1 月 7 日

64 天 22 小时 19 分钟

接近声速

"声障"一词在第二次世界大战期间开始使用，当时驾驶高性能战斗机的飞行员遇到了接近声速飞行带来的影响。他们驾驶着可以信赖的飞机经历了激烈到足以使飞机在空中解体的颤振、无法控制的操纵面，以及无法在高速俯冲中拉起的情况，而这些只是高速飞行带来的诸多问题当中的一小部分。

许多飞行员因对高速下的空气动力学理解不足而失去了生命，所以"声障"曾被很多人完全回避。然而，飞行员和工程师越来越清楚地看到，不同飞机受到"声障"带来不良影响时的飞行速度不同。他们还发现，虽然飞机的飞行速度可能低于声速，但飞机旁边气团的速度却比声速快。

正是这些速度超过声速的空气区域造成了上述问题，本章中也将对此进行重点讨论。工程师们开始研究如何确保飞机周围的空气流动速度永远不会超过声速。他们的目标是制造一种飞行速度尽可能接近声速而不会遇到任何负面效应的飞机。

跨声速

如前文所讲，当机翼在空气中运动时，机翼上方的气流比下方的气流移动得更快。因此，当一架飞机的飞行速度刚略低于声速（1马赫）时，我们可以合理地假设机翼周围的一部分气流会低于声速，而另一部分气流会高于声速。在这种情况下，气流在某些区域的速度高于1马赫，但在其他区域低于1马赫，飞机在这种情况下的飞行就被称为"跨声速飞行"。如果飞机的速度达到跨声速，那么它可能会受到各种各样的不良影响。通过了解空气在该速度下的性质，工程师们能够使与之相关的问题延迟发生并且被最小化。

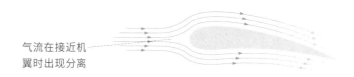

气流在接近机翼时出现分离

压力波

压力波以声速1230千米/时的速度在空气中传播。无论如何，声音确实是压力波的一种形式。当物体在空气中反弹或移动时，它们会发出压力波，这些压力波由其穿过的粒子传播。正是这些压力波影响了活动机翼前方的气流。上图展示了一个机翼以低于跨声速的速度移动，正如我们所看到的，气流在到达机翼之前就分离了。这是由于压力波的传播速度比机翼的移动速度快，因此

影响到了机翼前方的空气。下图中展示了当物体移动时压力波是如何传播的。左边讨论的物体是静止的，它的压力波向外发散，形成的图案就像扔在池塘里的鹅卵石发出的波纹。中间的物体正以亚声速向左移动，它不会赶上自己的压力波。右边的物体以1马赫的速度运动，它与自己的压力波移动速度相同，因此在它前方的空气不会被"警告"它的接近。

静止的

亚声速

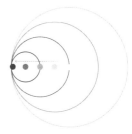

1马赫

激波

在本书前面的章节中，空气被当作不可压缩的存在，因为在低速状态下，空气的表现就是如此。然而，速度接近声速时，物体可以产生足够大的力来压缩空气，这是激波形成的一个重要因素。参见右图最上方的机翼，它的飞行速度为 0.72 马赫，这是在不产生任何声速气流的情况下，这个机翼能达到的最快速度。接下来我们可以看到当机翼的移动速度达到 0.77 马赫时发生了什么。如右图中居中的机翼，在机翼周围运动的大部分空气仍然是亚声速的，但在空气加速最快的地方（靠近前缘的上方）就会产生超声速气流。由于这些空气移动得太快，无法"警告"机翼下方移动较慢的空气，所以就形成了激波。激波本身是一个容纳压缩空气的狭窄区域，在这个区域内空气的压力和密度会突然上升。右图中最下方的机翼展示了随着速度的提高（但保持在 1 马赫以下），激波的尺寸变得更大并沿着机翼后移。在机翼的下方，空气的速度也开始超过声速，形成另一个激波。

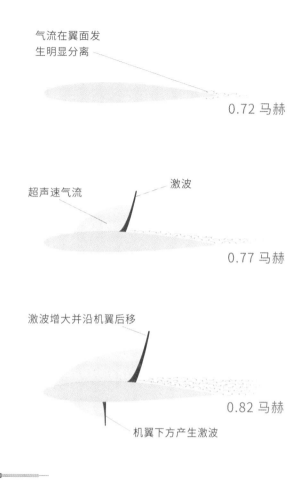

气流在翼面发生明显分离

0.72 马赫

超声速气流 　　　激波

0.77 马赫

激波增大并沿机翼后移

0.82 马赫

机翼下方产生激波

激波失速

激波失速是激波扰乱飞机升力性能的结果，可能对飞机和机内人员造成致命的后果。在激波与机翼相遇的地方，有气流从机翼表面脱离的趋势。这一区域的升力下降，同时阻力显著增加。再加上前缘附近的低气压超声速气流产生额外升力，就会产生一个可能使飞机失去平衡的上仰力。激波背后紊流空气可能带来的另一个潜在灾难性后果是它对飞机其他部分的影响，如主机翼上的激波产生的紊流撞击尾翼，导致飞机极端抖振和失控。

升力增大　　　　　　　　　升力减小

产生转向力

紊流覆盖飞机尾翼

产生抖振

喷气发动机

自从有了喷气发动机，人类制造的飞机性能就远远超越了传统活塞发动机和螺旋桨驱动的飞机。以下是对喷气发动机的主要类型的简单介绍。

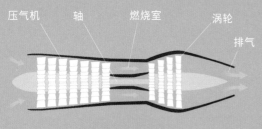

涡轮喷气发动机

空气被吸入发动机并被压气机叶片压缩。在燃烧室中，压缩空气与燃料混合并被点燃。燃烧引起空气快速膨胀，膨胀的空气通过涡轮叶片加速（涡轮驱动压气机转叶），并通过尾喷排气产生推力。

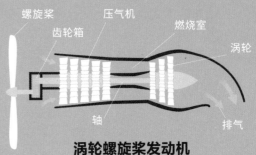

涡轮螺旋桨发动机

涡轮螺旋桨发动机的工作原理与涡轮喷气发动机相同，只是排气产生的推力很小，几乎可以忽略不计。燃烧后，与涡轮喷气发动机一样，膨胀的气体驱动涡轮，涡轮驱动压气机转叶。涡轮产生的剩余能量被用来驱动螺旋桨产生推力。

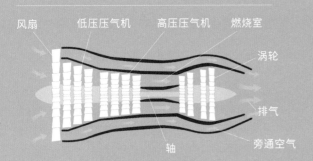

涡轮风扇发动机

涡轮风扇发动机的工作原理与涡轮喷气发动机的类似，但并不是所有空气都通过发动机的核心。一些空气通过发动机的外涵道，被称为"旁通空气"。旁通空气的移动速度比自由气体快，因此它在排出时会产生额外的推力。涡轮风扇发动机比涡轮喷气发动机更省油。

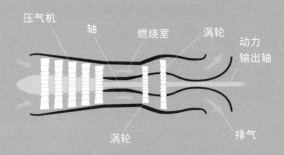

涡轮轴发动机

涡轮轴发动机的设计是将发动机的喷射推力转化为驱动轴的动力。与其他喷气发动机一样，也是由涡轮驱动压气机转叶的。然而，涡轮轴发动机由自由涡轮来驱动独立的输出轴。很多种类的机械设备都使用涡轮轴发动机，最出名的是直升机。

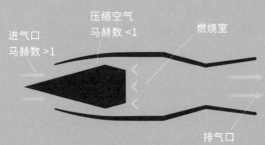

冲压式喷气发动机

冲压式喷气发动机依靠发动机的向前运动来压缩进入的空气，而不需要压气机叶片。因此，这种发动机只能在达到一定速度时使用，不能在静止状态下加速飞机。达到大约 3 马赫时，冲压式喷气发动机工作效率最高。通常，其唯一的运动部件是向燃烧室注入燃料的组件。

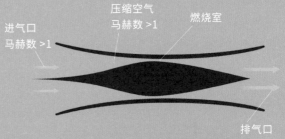

超声速燃烧冲压喷气发动机

超燃冲压发动机和冲压发动机一样，依靠前进速度压缩进入的空气。冲压发动机在燃烧室内将空气减速至亚声速，而在超燃冲压发动机内，气流始终是超声速的，这使得它能以极高的速度有效运行。和冲压式喷气发动机一样，超燃冲压发动机也几乎没有活动部件。

推重比

飞机的推重比是决定其性能的最重要的特征之一。例如，战斗机往往具有较高的推重比以提高其机动性。

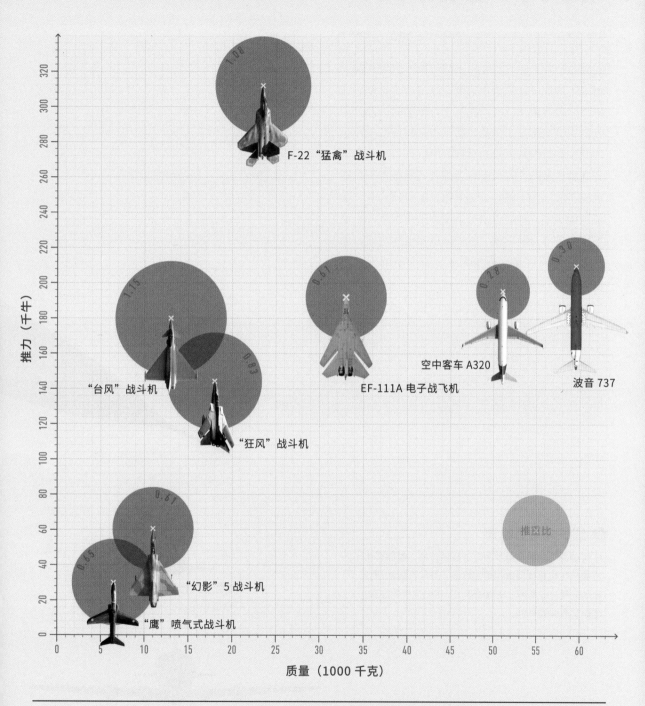

同一架飞机推重比的变化取决于飞行的阶段。燃油和有效载荷都影响飞机的重量，而油门位置影响推力的大小。本页图中的数字表示飞机油箱内燃油剩余一半、油门杆推到底时的推重比。

临界马赫数

临界马赫数是指飞机在周围气流都不达到声速的情况下所能飞行的最快速度。超过这个速度，飞机将以跨声速飞行，而在其上方流动的一部分空气的速度会超过 1 马赫。由于在这种情况下产生的激波具有极其危险的影响，所以许多第一次遇到这种激波的飞行员都认为载人飞机根本不可能突破声障。为了解决这个问题，工程师们专注于通过提高临界马赫数来推迟激波失速带来的不良影响，并尽可能地使飞机的速度接近跨声速，而不是达到跨声速。简单来说，如果不能战胜困难，那就只能想办法绕开它。

❶ 细长化与面积律

这两种提高临界马赫数的方法是并行的，都需要将机翼或飞机整体塑造得更加纤细，并尽可能地避免带动空气。这两种方法减缓了飞机周围空气的加速，延迟了激波的产生。

为高速飞行设计的飞机
横截面积小，机翼非常纤细

为低速飞行设计的飞机
横截面积大，不需要纤细的机翼

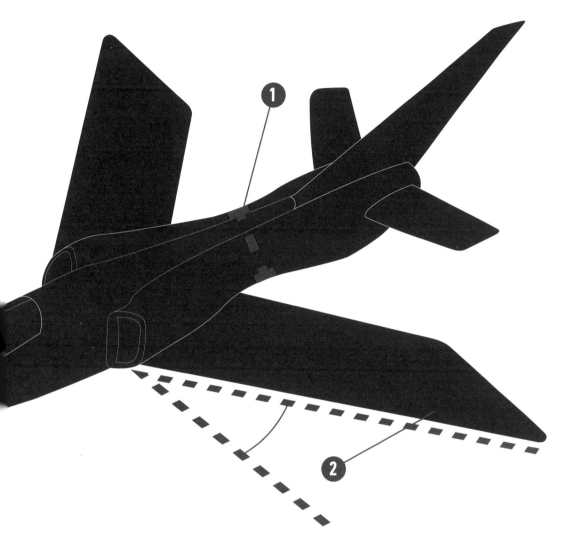

② 后掠翼

后掠翼对提高临界马赫数很重要。后掠角度越大，临界马赫数越高。后掠翼的工作原理是将迎面而来的气流中的一部分能量转化为阻力，而不是让它成为激波的能量来源。

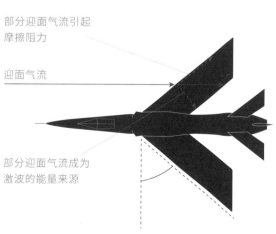

部分迎面气流引起摩擦阻力

迎面气流

部分迎面气流成为激波的能量来源

细长化与面积律

细长化

右图显示了各种机翼的临界马赫数。机翼的厚度与临界马赫数直接相关，机翼越薄，在不迫使周围空气的速度超过声速的情况下，它的最高飞行速度就越快。前文也曾提到，更厚的机翼将迫使空气在更长的路径上流动，从而加速更多。右图中的机翼都标注了它们的厚度相对于弦长（前缘和后缘之间的距离）的比例。例如，5% 的 t/c 意味着机翼的厚度是弦长的 5%。细长化的另一个优势是形状阻力的减少，在高速时尤为如此。

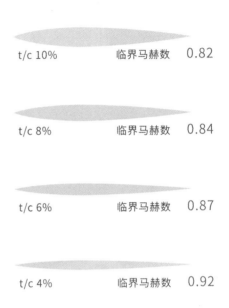

t/c 10%　　　　临界马赫数　　0.82

t/c 8%　　　　临界马赫数　　0.84

t/c 6%　　　　临界马赫数　　0.87

t/c 4%　　　　临界马赫数　　0.92

面积律

下图中左边的物体代表机身，它的整体是流线型的。我们可以这样来描述这个机身：从机头开始，横截面积逐渐增加到最大值，然后又逐渐缩小至机尾。这种构型符合面积律，遵循的是横截面积的缓慢增加和减少。如果我们在机身上加上机翼，可以看到整个飞机的横截面积在机翼和机身结合的地方急剧上升。为了抵消机翼带来的额外面积并提高临界马赫数，机身可以被"收腰"——机身与机翼的连接处变得更窄（如下图最右），这样整体横截面积就不会如下图中间所示的那样急剧增加。

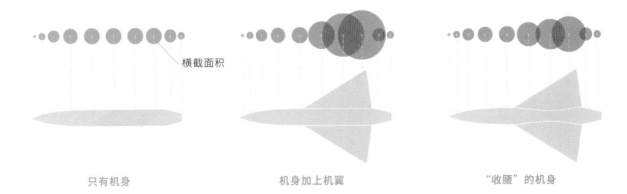

横截面积

只有机身　　　　　　　机身加上机翼　　　　　　　"收腰"的机身

收紧的
机身

面积律

USAF

康维尔 F-106
"三角标枪"截击机 1956 年,美国

从 1959 年到 1988 年,这种超声速截
击机与美国空军一起执行有人驾驶任务。
然而,它的事业并未止步于此。在 1988
年之后,近 200 架"三角标枪"截击机
被改装成高性能、无人驾驶的无人机用
于打靶练习,直到最后一架于 1998 年
被击毁。机身与机翼连接处的收紧有助
于在跨声速和超声速飞行时减小阻力。

北美航空 F-86
"佩刀"战斗机 1947 年，美国

"佩刀"是美国军方使用的第一架后掠翼战斗机。该型飞机参与了历史上最早的一些喷气式飞机之间的对决，曾在朝鲜战争中与苏联的米格 -15 战斗机对垒。"佩刀"战斗机的后掠机翼帮助它提高了临界马赫数，避免了超声速气流带来的问题。

后掠翼

后掠翼与临界马赫数

后掠翼

机翼大角度后掠可以帮助飞机延迟冲击失速，同时也降低了冲击失速发生的严重程度。这背后的理论是，只有沿着翼弦运动的部分迎面气流才会产生激波。以右图上方的没有后掠的机翼为例，当迎面而来的空气以直角撞击它时，任何一部分气流都不能向任意方向"流动"，这使得所有通过机翼的气流都成为激波的能量来源。而对于右图下方的后掠机翼，激波沿着翼展方向形成，并与迎面而来的空气成一定的角度。空气总是沿着阻力最小的路径流动，由于机翼的后掠角度，一些空气将沿着翼展方向运动，这只会产生摩擦，而不会成为激波的能量来源。

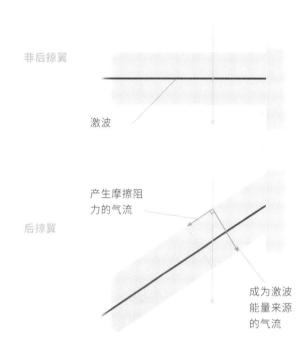

非后掠翼

激波

产生摩擦阻力的气流

后掠翼

成为激波能量来源的气流

对临界马赫数的影响

飞机的机翼（包括水平尾翼和垂直尾翼）后掠得越多，其临界马赫数就越高。然而，过大角度的后掠确实会带来一些问题，如起飞和降落速度的提高，且后掠机翼的构造也更加复杂。下图显示了机翼后掠和非后掠对临界马赫数的影响。这些机翼与第 160 页图中的相同，下图中给出的数值仅代表机翼，而不代表整个飞机。

	t/c 10%	t/c 8%	t/c 6%	t/c 4%
非后掠机翼的临界马赫数：	0.82	0.84	0.87	0.92
45°后掠机翼的临界马赫数：	0.87	0.89	0.92	0.95

阻止气流分离

当我们观察附面层（见本书第 39 页）时，可以看到流经机翼的空气从前缘平稳地开始，但会沿着机翼逐渐被撕裂然后变成紊流。机翼运动得越快，层流离开机翼的速度就越快，而被紊流空气覆盖的机翼面积也就越大。当过大的机翼表面被紊流空气覆盖时，它就会停止产生升力。在跨声速飞行过程中出现的激波加剧了这种影响。

为了延迟气流从机翼的分离，设计师们想出了多种装置，它们都可以通过干扰气流，促使气流紧贴在机翼上。这些装置伸出到气流中，可能会破坏飞机的流线型外观，但它们通过影响附面层而减少的阻力远远超过它们本身产生的阻力。

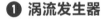

❶ 涡流发生器

尽管涡流发生器有许多种类型，但它们通常都是机翼表面突出的小片，靠近机翼的前缘。它们的长度为 2 厘米至 3 厘米，厚度大约是附面层的 4 倍。

❷ 粗糙的前缘

机翼的前缘有时会有一个粗糙的表面，而不是光滑的漆面。这种让翼型表面粗糙化的操作，可以在必要的位置改善附面层。

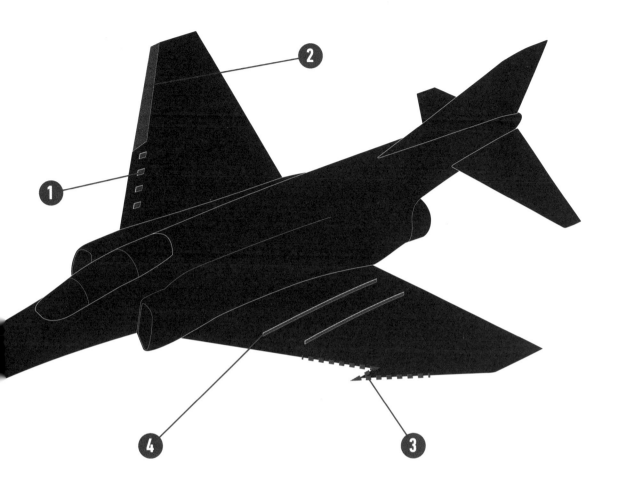

❸ 犬齿翼

又称"锯齿翼"，这种机翼的前缘有一小段是锯齿形的。它可以产生涡流，改善附面层，并在翼尖附近产生升力。

❹ 翼刀

这些小型屏障的高度和涡流发生器类似，足以穿过附面层。它从机翼的前缘附近延伸到后缘附近。与犬齿翼一样，翼刀也可以提高翼尖附近的升力。

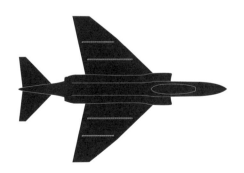

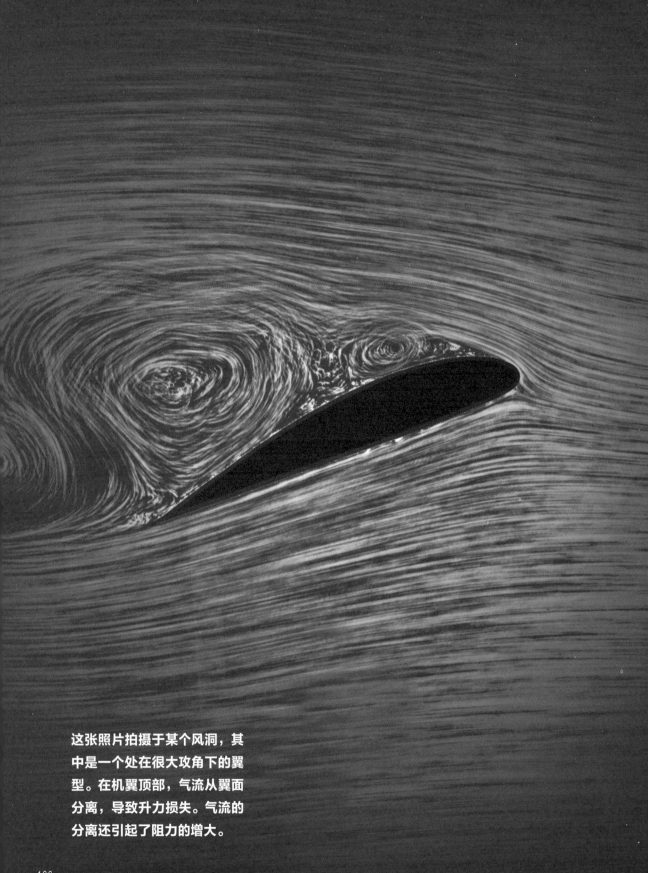

这张照片拍摄于某个风洞，其中是一个处在很大攻角下的翼型。在机翼顶部，气流从翼面分离，导致升力损失。气流的分离还引起了阻力的增大。

飞机的角色

飞机在民用和军用两方面都很好地适应了各种角色。一些"多用途"飞机甚至可以扮演多种角色。

民用

私人飞机 / 公务机
可以运输小组人员。

商用客机
定期运输人员和货物。

娱乐飞机
用于休闲娱乐的小型、
低动力飞机，包括滑翔机。

军用

战斗机
承担防御或进攻角色，
它们在空中格斗中攻击敌机。

轰炸机
用于对地攻击，能够承载较大的有效载荷。

攻击机
执行比轰炸机更加精确的空袭，
通常用于支持地面部队。

运输机
用于部队、装备和补给的移动。空中加油机也
属于运输机的范畴。

预警机 / 侦察机
用于搜集情报、监视敌军领土或战场动态。

电子战飞机
用于摧毁敌人的雷达和无线电系统。

涡流发生器

在机翼前缘附近伸出的涡流发生器可以产生涡流。它们产生的涡流很小,刚好足以将一些快速、自由流动的层流空气与移动较慢的附面层混合。这种混合使边界层得到了更多的动量,推动着附面层沿着翼面移动,而不是减速或变成紊流。我们几乎可以在飞机上的任何位置找到涡流发生器,只要是飞机工程师试图给附面层增加能量的位置都可以找到这种装置。涡流发生器有不同的形式,并且以不同的方式呈现。

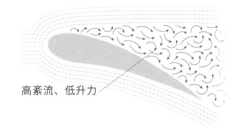

没有涡流发生器

高紊流、低升力

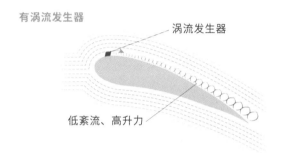

有涡流发生器

涡流发生器

低紊流、高升力

粗糙的前缘

如果机翼上设有粗糙的前缘,那么这个前缘的作用方式与涡流发生器相似。与典型的平滑前缘不同,粗糙的前缘有针对性地使小涡流从机翼前部附近开始形成。与涡流发生器产生的小涡流一样,这些小涡流吸引一些快速移动的层流来激励附面层,从而推迟翼面与气流的分离。

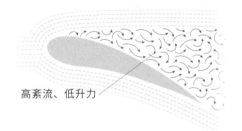

没有粗糙的前缘

高紊流、低升力

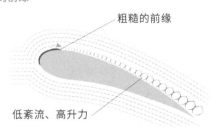

有粗糙的前缘

粗糙的前缘

低紊流、高升力

ICP 萨凡纳 VG 2006 年，意大利

萨凡纳是一种双座超轻型飞机，人们可以购买整机，也可以购买零件自行组装。VG（涡流发生器）构型的萨凡纳飞机在主翼面的前缘都装有涡流发生器。涡流发生器降低了飞机的失速速度，让它可以在更高的攻角下飞行得更慢。

涡流发生器

粗糙的前缘

BAC 喷气式"教务长"教练机 1954 年，英国

这种喷气式教练机是为英国皇家空军开发的，用来替代活塞发动机教练机。机翼外侧部分粗糙的前缘降低了飞机在较高攻角下飞行时失速的可能。

犬齿翼

大角度后掠翼的翼尖容易先于其他区域失去升力，这可能导致飞机发生灾难性颠簸。一定程度上，这种情况是由于在后掠翼上方形成的沿翼展方向分布的气流集中在了翼尖。为了产生升力，机翼需要空气从前缘向后缘运动，而不是沿翼展方向运动。在机翼上设置犬齿形或 V 形凹槽，就可以在该位置产生涡流（如右图所示）。这样可以阻止沿翼展方向分布的气流到达翼尖，而翼尖上方的气流将更直接地从前缘移动到后缘，使翼尖区域的升力得到恢复。

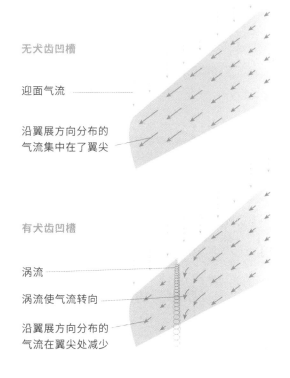

无犬齿凹槽

迎面气流

沿翼展方向分布的
气流集中在了翼尖

有犬齿凹槽

涡流

涡流使气流转向

沿翼展方向分布的
气流在翼尖处减少

翼刀

尽管翼刀的类型各不相同，但一般都是从机翼前缘延伸到机翼后缘。有些类型的翼刀会缠绕在前缘，而另一些类型可能只从前缘延伸到机翼中部。翼刀的设计是为了防止沿翼展方向分布的气流在翼尖积聚，这与犬齿翼的原理类似。与犬齿翼不同的是，翼刀并不是通过产生涡流来减少沿翼展方向分布的气流；与之相反，它会产生一个有形而牢固的附面层。

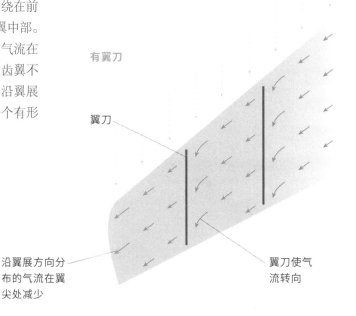

有翼刀

翼刀

沿翼展方向分
布的气流在翼
尖处减少

翼刀使气
流转向

沃特 F-8
"十字军"战斗机 1955年，美国

F-8"十字军"战斗机是一种早期的超声速喷气式舰载机，也是美军最后一种使用机枪作为主要武器的战斗机。这种飞机的犬齿翼有助于提高它抵抗失速的能力。

米高扬·格列维奇
米格-15 战斗机 1947年，苏联

米格-15战斗机是历史上生产最多的喷气式飞机，总共制造了超过18 000架。其装配的翼刀有助于控制大角度后掠翼上方的气流，使机翼不会轻易失速。

「翼刀」

起飞距离

为了使飞机获得离地所需的速度和升力，需要足够的起飞距离，而这取决于飞机的载重和周围的空气压力。本页中的数值显示了飞机在满载状态下起飞所需的最小距离。

0米　　　　　500米　　　　　1000米　　　　　1500米　　　　　2000米

1 欧洲战斗机公司"台风"战斗机
300 米

2 达索"阵风"战斗机
400 米

3 米高扬 米格 -29 战斗机
400 米

4 苏霍伊 苏 -27SK 战斗机
450 米

5 赛斯纳 172 "天鹰"
465 米

6 洛克希德·马丁 F-22 "猛禽"战斗机
480 米

7 派珀 "切诺基"
490 米

8 比奇 "富豪"
580 米

9 英国电气公司"闪电"战斗机
610 米

10 道格拉斯 DC-3
760 米

11 格鲁门 F-14 "雄猫"战斗机
760 米

12 北美航空 F-86 "佩刀"战斗机
1100 米

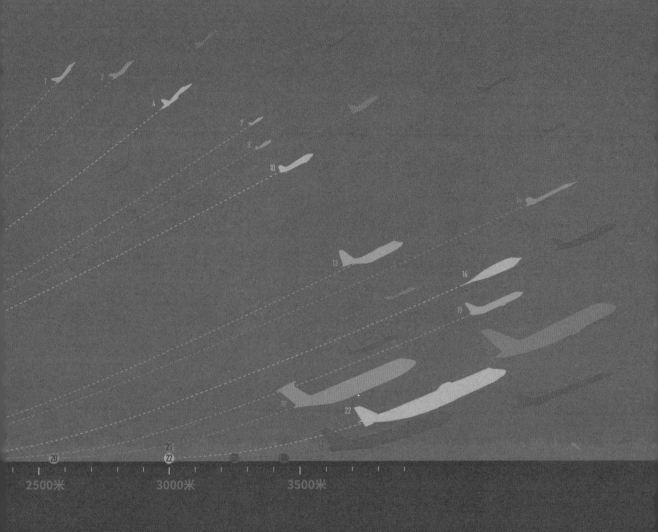

2500米　　　3000米　　　3500米

⑬ 洛克希德·马丁"超级大力神"运输机
1570 米

⑭ 洛克希德 SR-71 "黑鸟"侦察机
1650 米

⑮ 洛克希德·马丁 F-117 "夜鹰"攻击机
1890 米

⑯ 诺斯罗普·格鲁门 B-2 "幽灵"轰炸机
2040 米

⑰ 空中客车 A320
2100 米

⑱ 德哈维兰 DH-106 "彗星"
2290 米

⑲ 波音 737
2300 米

⑳ 洛克希德·马丁 C5 "银河"运输机
2560 米

㉑ 空中客车 A380
3000 米

㉒ 安东诺夫 安 -255 "梦幻"运输机
3000 米

㉓ 波音 747
3250 米

㉔ 法国航空和英国航空 协和式飞机
3430 米

查克 · 耶格尔

毫无疑问，查克 · 耶格尔[1] 是有史以来最著名的试飞员，作为第一个突破声障的人，他在航空史上写下了浓墨重彩的一笔。他的经历近乎无与伦比，他曾在越南战争、朝鲜战争和"二战"期间执行过飞行作战任务，也曾在冷战的白热化时期飞越苏联上空。他一次次冒着生命危险为国家执行任务。

查克 · 耶格尔

1 全名是查尔斯 · 艾伍德 · "查克" · 耶格尔（Charles Elwood "Chuck" Yeager），查克是昵称。——编者注

查尔斯 · 耶格尔于 1923 年出生于西弗吉尼亚州的迈拉，母亲苏西 · 梅和父亲阿尔伯特 · 哈尔 · 耶格尔都是农民。查尔斯 · 耶格尔高中毕业后不久就加入了美国陆军航空兵（USAAF）。受限于年龄和教育水平，他没有资格成为一名飞行员，最初只能从飞机机械师做起。然而，在他入伍仅仅 3 个月后，美国就加入了第二次世界大战，军队因此改变了招募标准。耶格尔在训练中证明了自己是一名出色的飞行员，并在 1943 年初获得了他的战机。在此后不到一年，他就被派往战场，随部队驻扎在英国，并驾驶 P-51 "野马" 与 363d 战斗机中队作战。

查尔斯 · 耶格尔很快取得了一次胜利，可是之后他的飞机在德军占领的法国被击落，尽管受了伤，他还是设法逃脱了德军的追捕。在法国抵抗组织的帮助下，他和另一名被击落的飞行员 "帕特" 帕特森（'Pat' Patterson）设法逃到了西班牙。在逃跑的过程中，帕特森的膝盖中枪，小腿仅由一根肌腱支撑。耶格尔帮帕特森切断了肌腱，用降落伞绳制成的止血带固定住他的腿。耶格尔拖着帕特森在比利牛斯山里艰苦跋涉并最终获救，这英勇的成就为他赢得了一枚铜星奖章。之后，他很快重返战场，展现了出色的飞行技能和战斗领导能力。他是最先成功战胜梅塞施密特 Me 262 喷气式战斗机的几个人之一，并在一次任务中击落了 5 架敌机，获得了 "当日王牌" 的称号。1945 年初，他在完成了 60 多次空中

回国后，耶格尔的飞行时长和过去的维修经验，使他有资格成为一名试飞员。正是在这个岗位上，他参与了旨在打破声障的测试项目，测试地点就是后来的爱德华兹空军基地。在当时，人们对声障知之甚少，也不确定人类飞行员能否在穿越声障的过程中存活。

耶格尔在"二战"期间驾驶的 P-51 "野马"战斗机，外号"迷人的格伦尼斯 3 号"

美国空军选择了耶格尔来驾驶火箭动力的贝尔 X-1 进行这次最重要的飞行。然而，在预定飞行日期的两天前，耶格尔在黑暗中骑马外出，马撞到门柱时把他摔了下来。由于担心受伤会使自己失去成为世界上飞得最快的人的机会，他第二天去看了一位平民医生，医生证实他断了两根肋骨。幸运的是，想要劝阻查克·耶格尔这样的人，光断几根肋骨可不够。耶格尔只和他的同事杰克·雷德利提起过他的伤势，后者也是一名战斗机飞行员。他们两人想出了一个办法，让耶格尔可以在不使用右臂的情况下关闭身后的 X-1 驾驶舱门。雷德利用扫帚柄的末端做了一个装置，可以作为杠杆，帮助耶格尔把舱门关上。

1947 年 10 月 14 日，在莫哈韦沙漠中的某处，耶格尔从 B-29 重型轰炸机的舷梯上爬下来，进入了悬挂在下面的 X-1 飞机的驾驶舱。毫无疑问，他的肋骨很疼，但他设法锁上了身后的驾驶舱门，并完成了飞行前的检查。在 6090 米（2 万英尺）的高空，X-1 飞机与 B-29 脱离，随后它的火箭发动机迅速点火。飞机开始爬升时，巨大的推力把耶格尔压到座位上。

在接近 1 马赫时，他经历了像往常一样的抖动，但当他继续前进时，状况平稳了下来。在他将飞机以超声速保持了 20 秒后，世界上第一次音爆在这片土地上空发出了轰鸣。

贝尔 X-1

在 1947 年的这一天，耶格尔在 13 716 米（4.5 万英尺）的高空以 1.07 马赫的速度飞行，比此前任何人的飞行速度都要快，但他的职业生涯还远未结束。在此之后，耶格尔打破了许多其他的速度和高度纪录，执行了更多的战斗任务，执掌了一所 NASA 宇航员的训练学校，驾驶了 200 多种军用飞机。

超声速

飞行

为了掌握超声速飞行的技术，人类需要克服很多的挑战。超声速飞行与亚声速飞行在空气动力学上有很大的不同。由于空气在高速下被压缩，阻力严重增加，因此飞机需要更大的推力。然而，就像查克·耶格尔驾驶着他的贝尔X-1所证明的那样：人类乐于面对这些挑战。

前文中已经讲到，当飞机接近声速时，流过飞机的气流在某些区域时速度比声速快。飞机超过声速后，流过飞机的所有气流的速度都大于或等于声速。

大多数早期的超声速飞机依靠火箭驱动的发动机来克服飞机遇到的巨大阻力。由于火箭燃料消耗很快，这种飞机的飞行时长非常有限。相比之下，早期的涡轮喷气发动机虽然更省油，但缺乏推动飞机突破跨声速状态的能力。这一情况在20世纪50年代发生了变化，喷气式飞机在制造中引入了加力燃烧室。工程师们通过向涡轮喷气发动机的喷管中注入额外的燃油，只付出很小的重量代价就成功实现了必要的推力增加。这意味着火箭驱动不再是人类实现超声速飞行的唯一手段。

随着涡轮风扇发动机和冲压式喷气发动机的出现，发动机的设计在持续进步，这将使人类继续突破飞行的边界。尽管人类已经在超声速飞行方面取得了巨大的进步，但超声速对我们大多数人来说仍然是遥不可及的。由于超声速飞行很不经济，所以目前已经问世的超声速飞机大多仍是军机或试验机。

超声速

在了解飞机上那些用于超声速飞行的设计之前，我们先来看看机翼周围的气流以及激波在超声速下是如何继续发展的。

超声速激波的形成

前文中已经讲到，当飞机接近声速，进入跨声速飞行阶段时，激波开始形成。下图中显示了当飞行速度超过 1 马赫时，周围气流的反应和激波的发展。

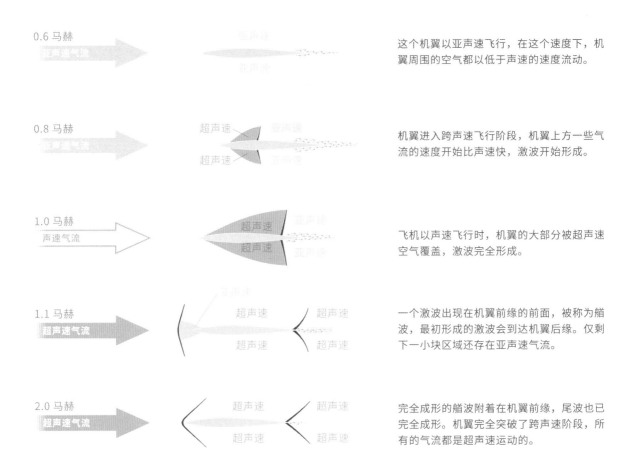

0.6 马赫　超声速气流

这个机翼以亚声速飞行，在这个速度下，机翼周围的空气都以低于声速的速度流动。

0.8 马赫　超声速气流

机翼进入跨声速飞行阶段，机翼上方一些气流的速度开始比声速快，激波开始形成。

1.0 马赫　声速气流

飞机以声速飞行时，机翼的大部分被超声速空气覆盖，激波完全形成。

1.1 马赫　超声速气流

一个激波出现在机翼前缘的前面，被称为舷波，最初形成的激波会到达机翼后缘。仅剩下一小块区域还存在亚声速气流。

2.0 马赫　超声速气流

完全成形的舷波附着在机翼前缘，尾波也已完全成形。机翼完全突破了跨声速阶段，所有的气流都是超声速运动的。

压缩气体（如空气）需要很大的压力。由于激波属于压缩空气带，因此需要很大的力才能产生它，而这个力显然来自发动机的推力。激波产生的力与推力方向相反，这种阻力被称为"波阻"。

激波

诺斯罗普 T-38"利爪"教练机 1959 年，美国

T-38 是世界上第一架也是生产数量最多的超声速教练机。
这种灵活的飞机绰号为"白色火箭"，其双人座舱可容纳一名
教练和一名学生。本图中的 T-38 正在以超声速飞行。一种
叫作纹影摄影的技术可以使流体的密度得以显现，通过它我
们可以看到在机身周围形成的激波。最明显的是整流锥周围
的艏波和尾喷管周围的尾波。

麦克唐纳－道格拉斯
F/A-18"大黄蜂"战斗机 1978年，美国

本图中的 F/A-18 正在跨声速飞行，在它的周围形成了一个蒸汽锥。这种"云"的出现是由于膨胀扇形波内部压力和温度突然下降导致的。如果气压下降足够大，空气也足够湿润，那么空气中的小水珠就会显现出来。

蒸汽锥

超声速气流

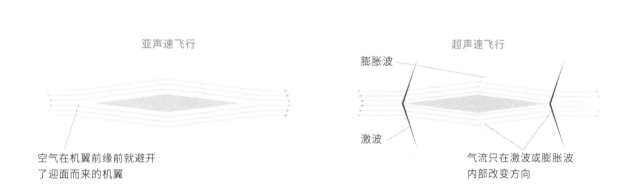

亚声速飞行

超声速飞行

膨胀波

激波

空气在机翼前缘前就避开
了迎面而来的机翼

气流只在激波或膨胀波
内部改变方向

亚声速 VS 超声速

一旦速度超过了声速，空气的表现就大不相同了。在亚声速阶段，空气可以预测将与它相互作用的物体和角度，所以在物体到达之前气流就发生了变化。这使得气流可以按照比较圆滑的角度平稳地改变方向，只要角度不过小，气流就不会完全脱离物体表面。上图的左侧显示了在一个菱形翼型周围亚声速气流的表现。而在上图的右侧，对于同样的翼型，气流的速度超过了 1 马赫。在这个速度下，压力波的传播速度不足以"通知"翼型前面的空气，因此空气不能提前移动。在翼型的前部和后部，气流的路径出现了很急的角度变化，空气被压缩形成了激波。当穿过激波时，空气会改变方向，平行于机翼表面运动。在机翼的中点处，其顶部和底部的气流路径角度变化较缓。气流在这个拐角处流动时，会加速并膨胀，形成膨胀波。与亚声速气流不同的是，超声速气流方向上的任何变化都是急剧发生的，同时伴随的还有激波或膨胀波。

超声速升力

正如本页上方的图所示，超声速气流实际上比亚声速气流能更好地黏附在机翼表面，即使是在翼型上的拐角处。在亚声速状态下，圆滑的翼型有更好的性能表现；而在超声速状态下，更细长更尖的翼型性能表现更好。当马赫数超过 1 时，机翼不再通过上下表面之间的压差来产生升力。唯一产生升力的方式是通过气流的重新定向，且只发生在舷波和尾波之间的区域。

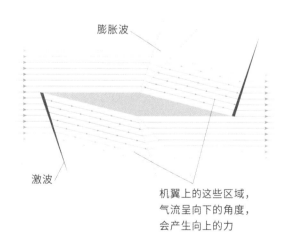

膨胀波

激波

机翼上的这些区域，
气流呈向下的角度，
会产生向上的力

超声速飞机

超声速产生的阻力是巨大的，在超声速下飞行的飞机必须小巧玲珑，才能使飞行阻力降到最小。飞机表面蒙皮的变化梯度应该很小，机翼应该很薄，可以像刀一样穿过空气。为了进一步减小阻力，超声速飞机的翼展也要相对较短。由于激波从飞机最前端（机头）发出，为了防止激波与机翼接触导致阻力进一步增加，超声速飞机的机翼通常后掠角度很大。值得注意的是，尽管有些飞机可以突破声障，但为了完成起飞和降落，所有的飞机都必须能够低速飞行。由于大角度后掠的机翼在低速飞行时表现不佳，因此设计师权衡利弊后必须做出取舍。

接下来我们将研究不同风格的超声速机翼。安装了这些机翼的飞机代表着人类制造业中的一些最先进的技术和最昂贵的设备。

❶ 后掠翼

我们在各种飞机上都见过后掠翼，但通常来讲，在超声速飞机上，你会见到后掠角度更大的后掠翼。

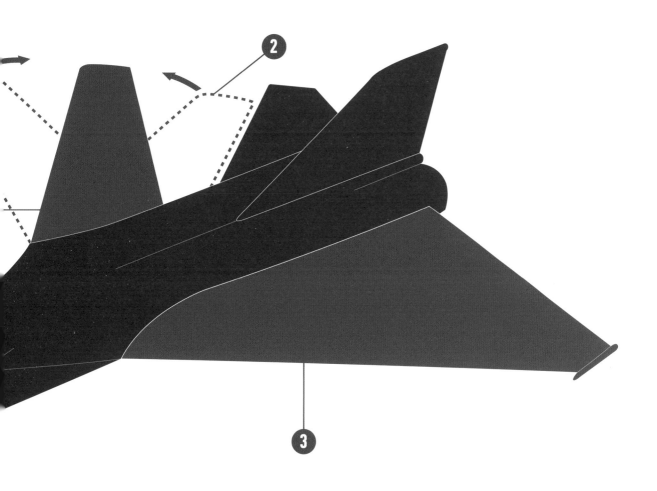

② 可变后掠翼

这种机翼能够改变后掠角，使飞机不但能够超声速飞行，还能以合理的速度起飞和着陆。

③ 三角翼

这种机翼的特点是其三角形的外观，通常使用于超声速巡航飞机上。

超声速飞机的
后掠翼

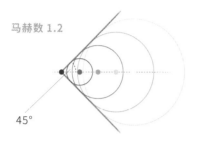

马赫数 1.2

45°

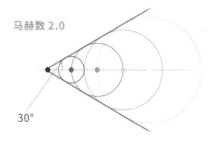

马赫数 2.0

30°

马赫锥

机翼后掠在低速飞行时是有益的，原因有很多。在接下来的内容中，你将看到后掠翼在超声速飞行时也有许多好处。机翼的后掠角度受工程师希望飞机飞得多快的影响，为此，研究马赫锥很有必要。本书第 178 页已经介绍了超声速飞机产生的激波，它从飞机的机头开始，然后向后斜移。飞机的飞行速度会影响激波的角度，速度越快，

激波的角度就越小，如上图所示。在左上角的图中，飞机以 1.2 马赫的速度飞行，它的激波角度大约为 45°。在右上角的图中，当飞机以 2 倍声速飞行时，我们可以看到激波形成了一个锐角。虽然上图表示的是二维的激波，但实际上，三维的激波在飞机周围形成一个锥体，这就是马赫锥。

超声速后掠翼

超声速飞机制造者们的设计目标是将飞机的整个机体都保持在马赫锥内，因为任何超出马赫锥的部分都会产生新的激波，并产生巨大的阻力。除了位于机头的主艏波外，飞机周围任何角度发生变化的地方也会产生激波，如靠近发动机进气口处。在机翼前缘与机身相接的地方，也会有一个激波产生，而且如果激波的角度大于机翼后掠的角度，也会产生巨大的阻力。综合以上因素，机翼后掠的角度越大，飞机超声速飞行的效率就越高。

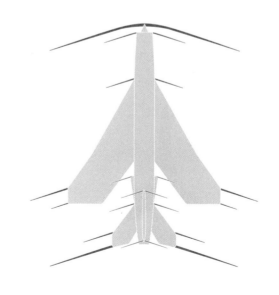

英国电气公司
"闪电"战斗机 1954年，英国

"闪电"战斗机于1959年推出，它是当时所有飞机中爬升速度最快的。不同寻常的是，为了尽量减少飞机的迎风面积，为其提供动力的两个发动机被叠放于机身内部。它那强劲的后掠机翼有助于把超声速飞行时的阻力降至最低。"闪电"是由英国设计和制造的唯一一种飞行速度可达2马赫的喷气式战斗机。

后掠

音爆

音爆是当飞机或任何其他物体以比声速更快的速度穿过空气时发出的声音。由于飞机压缩了它前方的空气，产生了一种强度随飞行速度加快而增强的激波，所以才会出现"砰"的一声巨响。

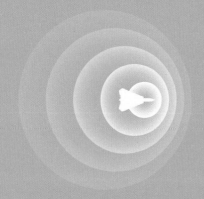

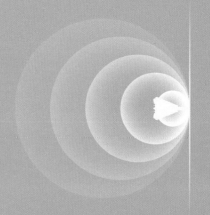

亚声速

在声速以下，压力波不会相互叠加，也不会形成激波。

马赫数 1.0

在这种情况下，飞机的飞行速度和压力波的传播速度相同，它们开始堆积起来，形成一个与飞行方向成直角的激波。

声音延迟

由于激波锥落在飞机后面的角度不同，不同位置的观察者可能会在同一时间听到它，这取决于观察者所处的高度。

激波、音爆和巨大的声响都有可能造成财产损失。

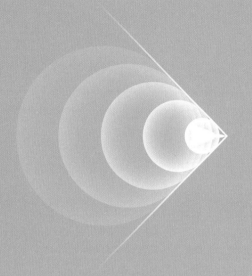

马赫数 1.2

当飞行速度超过声速时，激波被落在飞机后面，形成一个激波锥。

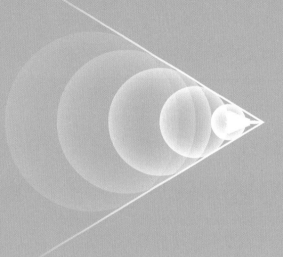

马赫数 2.0

当飞行速度超过声速且继续增大时，激波锥的顶角会变小，激波的强度也随之增大。

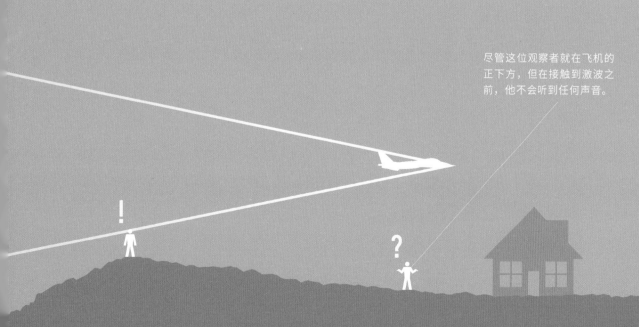

尽管这位观察者就在飞机的正下方，但在接触到激波之前，他不会听到任何声音。

通用动力 F-111
"土豚"战斗轰炸机 1964 年，美国

这种战术攻击机的设计目标是打击敌后战
线，许多突破性的技术在它身上得以付诸
实践。自动地形跟踪雷达允许飞机以非常
低的高度快速飞行，以避免被敌人的雷达
发现。F-111 的改进型号还可以执行战略
轰炸机、空中侦察机和电子战飞机的任务。
当这 3 种飞机编队飞行时，它们展示了不
同阶段的后掠机翼。

大后掠角

可变
后掠翼

小后掠角翼

可变后掠翼飞机

后掠翼带来的问题

高性能飞机的后掠翼帮助它们进一步探索超声速领域，但这是以牺牲低速性能为代价的。前文曾经谈到，机翼后掠角度越大，它相对于气流的轮廓就越小，产生的升力也就越小。这在高速下很好，因为升力随速度自然增加，一个比较小的翼型就足够了。但在低速飞行时，大角度后掠翼需要更高的速度来产生足够的升力，这也意味着起飞和降落的距离会更长，由此可能造成飞机无法在大多数跑道上起降。

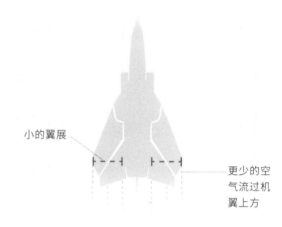

小的翼展

更少的空气流过机翼上方

用于高速飞行的后掠翼

两全其美的方法

可变后掠翼，也被称为"可变几何翼"，可以根据飞行阶段改变它们的后掠角度。当机翼完全前掠时，失速速度降低，飞机能以较慢的速度巡航，使用较短的跑道起降；当机翼完全后掠时，它们能够在更高的超声速速度下保持在马赫锥内。这类机翼的最大缺点是增加了重量和复杂性。用于移动机翼的机械装置不仅很重，还需要维修，这就增加了发生故障的可能性。

大的翼展

更多的空气流过机翼上方

用于低速飞行的前掠翼

三角翼飞机

三角翼阻力

三角翼飞机通常比其他类型的飞机具有更平滑的流线型外观。一部分原因是它们不需要尾翼，因为它们只是将尾翼的功能合并到了主机翼上。在超声速飞行时，如果没有尾翼从机身上伸出，超声速飞行过程中形成的激波会更少，波阻也会相应减小。

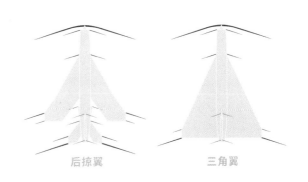

后掠翼　　　　　三角翼

三角翼升力

在低速飞行时，三角翼需要很高的攻角才能保持在空中飞行。机翼顶部的气流非但没有脱离翼面，反而从三角翼前缘脱落的涡流获得了能量。尽管飞机可以像这样平稳地飞行，但它会产生很大的阻力，需要发动机提供强大的动力，也使着陆变得很棘手。

高阻力

飞行方向

结构强度

机翼后掠的幅度越大，施加在其上的扭转和弯曲应力就越大。大角度的后掠翼在高速下有一定的性能优势，但为了加固结构而增加的重量可能已经把这些优势蚕食了。与之相反，三角翼是沿着机身较长的一段连接到飞机上的，因此本身就比较坚固。与同样角度的后掠翼相比，为了达到同样的结构强度，三角翼需要的内部支撑更少。

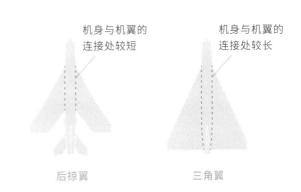

机身与机翼的连接处较短　　　　机身与机翼的连接处较长

后掠翼　　　　　三角翼

法国航空和英国航空
协和式飞机

协和式飞机问世后，将飞越大西洋的时间从 8 小时缩短到了 3.5 小时。然而，它那高昂的燃油和运营成本只有富人才能消受——它的机票价格大约是商业航空公司提供的最便宜机票的 30 倍。21 世纪初航空旅行的低迷，以及 2000 年一架协和式飞机灾难性的坠毁，致使这种飞机在 2003 年退役。这种超声速喷气式客机通常被认为是民航制造业的巅峰，其细长的机身和三角翼使它在机坪上显得鹤立鸡群。

三角翼

BRITISH AIRWAYS

机翼的类别

尽管设计师们尝试过各种不同的备选方案,大多数飞机还是只属于本页中展示的少数几个类别。有时候,飞机模糊了各种类别之间的界限,融合了不同的风格,然而,本页的图片仍有助于对大多数固定翼飞机进行分类。

翼弦变化

由于结构和空气动力学的原因,弦长可能沿翼展方向变化。

等弦翼　　　　　　　　锥形(梯形)翼

倒锥形翼　　　复合锥形翼　　　内等弦,外锥形翼　　　椭圆翼　　　半椭圆翼

机翼后掠

由于各种原因,机翼可以垂直于机身,也可以向前或向后掠,这些都在本书中有所提及。

平直翼　　　　　　　后掠翼

前掠翼　　　可变后掠翼　　　可变几何斜置翼
　　　　　（可变几何翼）

三角翼

三角形的平面形状,及其后掠的前缘和平直的后缘是三角翼的特点。

无尾三角翼　　　有尾三角翼　　　切尖三角翼　　　复合三角翼　　　曲线三角翼

上反角机翼与下反角机翼

机翼从机身伸出时的上下角度对飞机的稳定性有很大影响。

上反角机翼   下反角机翼

鸥形翼   倒鸥翼   上反角翼尖   下反角翼尖

前翼与尾翼

绝大多数飞机除主机翼外都有一套额外的机翼帮助飞机提供稳定性，并协助飞机进行俯仰控制。

传统尾翼

鸭式翼

串翼

三翼面

侧尾翼

无尾翼

机翼和机身没有界限

在一些飞机上，机身和机翼的界限并不清晰，这可能是因为机翼或机身是缺失的，或者是因为它们无缝地融合在了一起。

翼身融合体

（机翼和机身之间平滑过渡）

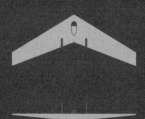

飞翼

（没有明显的机身或水平尾翼）

升力体

（没有可识别的机翼，依靠机身提供空气动力学升力）

超声速飞机

① 格鲁门 F-14 "雄猫" 战斗机　　　1970年，美国

F-14 战斗机从 1974 年到 2006 年在美国海军服役。它的主要职责是作为拦截机、保护美国舰队免受敌机的攻击。在 20 世纪 90 年代，导航和瞄准系统的升级使 F-14 战斗机的能力得到了大幅提升，"雄猫" 开始执行精准的地面攻击任务。这种可变后掠翼战斗机是美国第一种双尾翼喷气式战斗机。

② 米高扬 米格-29 战斗机　　　1977年，苏联

苏联的米格-29 行动极其敏捷，配备了全世界最先进的短程导弹，是第一种使用飞行员头盔瞄准系统的大型战斗机，在空战中近乎无敌。毫无疑问，总计生产超过 1600 架的米格-29 已经取得了巨大的成功，它已经被出口到全球 40 多个国家的空军部队。

③ 达索 "幻影" 2000 战斗机　　　1978年，法国

这种无尾三角翼飞机最初是作为一种轻型战斗机设计的，但后来发展为一种多用途飞机。该机型与取得了成功的 "幻影" III 战斗机相似，但增加了计算机控制系统，纠正了其前身糟糕的转弯能力。"幻影" 2000 的几个改型也已经问世，包括能够携带核导弹的 "幻影" 2000N。

迄今为止，制造超声速飞机的复杂性和高成本使它们基本上全部被限制在军事用途上。目前只有两种民用飞机能够突破声障，那就是协和式飞机和图波列夫的图-144飞机，而这两种飞机目前都没有再投入使用。早期的战斗机过时得很快，更新换代频繁，而现代的超声速飞机通常可以服役几十年。如今的战斗机造价昂贵，不能草率地更换，因此经常在原有基础上进行升级，以提高性能并保持竞争力。

④ 苏霍伊 苏-30 战斗机　　1989年，苏联

通过使用矢量推力发动机和鸭式翼，苏-30具有超强的机动性。它在1996年作为一种多用途战斗机进入俄罗斯空军服役，能够完成敌后深度渗透任务和空对空任务，也能执行空对空作战。中国进口了一种苏-30的改型机，它装备的是较为陈旧但重量很轻的雷达系统，这意味着鸭式翼可以被省略，飞机的有效载荷有所增加。

⑤ 欧洲战斗机公司"台风"战斗机　　1994年，多国

"台风"战斗机是由来自英国、德国、意大利和西班牙的公司组成的财团联合开发和生产的。由于它的重量很轻，超过80%的蒙皮由复合材料制成，并装备了强大的涡扇发动机，所以它的飞行速度很快，敏捷程度很高。"台风"战斗机具有极强的空对空作战能力，特别是在近距离空战中，其灵活的机动性令对手难以匹敌。

⑥ 波音 F/A-18F "超级大黄蜂" 战斗机　　1995年，美国

"超级大黄蜂"的原型是麦克唐纳-道格拉斯的F/A-18"大黄蜂"战斗机，是一个体积更大、性能更强的改进版本。"超级大黄蜂"比其前身的体积增大了20%，可多携带30%的燃油，航程增加了40%以上。尽管体积增大了，它仍然可以从航空母舰上起降。该机型于1999年进入美国海军服役，取代了当时即将退役的F-14"雄猫"战机。

NASA X-43 2004 年，美国

X-43 是一架无人驾驶的试验机，旨在对高
超声速飞行的各个方面进行测试。在第二次
的成功飞行中，它在大约 33 528 米（约 11
万英尺）的高度达到了 9.6 马赫，仍是迄今
为止有记录的最快的吸气式飞行器。为了让
飞机的超燃冲压发动机工作，在助推器点火
前，飞机从一架 B-52 轰炸机上空投发射，
以达到 4.5 马赫的飞行速度，在此速度下飞
机才能自行推进。

『高超声速』
飞行

高超声速飞行

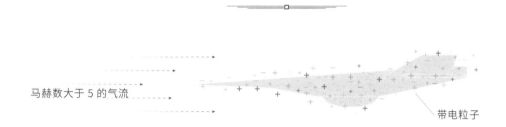

马赫数大于 5 的气流

带电粒子

高超声速飞行

高超声速是指高度在 90 千米以下，速度达到 5 马赫以上。此时，无论空气多么稀薄，仍有一部分空气可以与飞行器相互作用。第一个高超声速飞行的火箭于 1949 年发射，到了 20 世纪 60 年代，人类再次通过使用火箭动力，让宇航员在太空舱里完成了这一壮举。北美航空 X-15 是唯一一种达到高超声速的有人驾驶飞机，于 1967 年达到了 6.7 马赫。最近，无人驾驶的高超声速飞机已经开始使用超燃冲压发动机来达到预期的速度。还有一种被称为"乘波"的技术可以让飞机在自己的激波上"弹跳"，这种技术目前已经成功被验证。当飞机以 5 马赫及以上的速度飞行时，阻力会变得巨大，激波会以非常尖锐的角度从飞机上反射回来。因此，现代高超声速飞行器通常呈楔形，表面突出的特征则越少越好。它们甚至还放弃了主机翼，转而从楔形机身获取所需的升力，因此被称为"升力体"飞机。以这样的速度穿过大气层会出现一个问题，那就是空气开始被撕裂。空气分子分裂成正离子和负离子，形成一团无线电波无法穿透的带电粒子云。

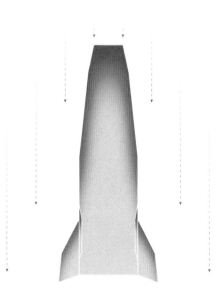

高超声速加热

在高速飞行时，必须考虑机身与空气摩擦产生的热。硬铝是一种在飞机上普遍使用的合金，在大约 2.2 马赫时会因为摩擦产生的热量开始软化。由于这个原因，许多超声速飞机在最易受热的部位，如机头或机翼前缘，使用了更多的耐热材料，如镍或钛合金。在高超声速下，加热效应会更加剧烈，如何制造出能够承受这种温度的材料成了一个严峻的挑战。目前在高超声速飞行器上使用的主要是陶瓷复合材料。

从飞机到宇宙飞船

1957 年，"斯普特尼克 1 号"出其不意的发射让美国将其视为对国家安全的严重威胁。这个小金属球将围绕地球运行 2 个月，只会在 3 周内发出"哔哔"作响的无线电信号。尽管这看上去没什么作用，但却证明了苏联的技术比美国先进得多。随着冷战紧张局势的加剧，太空竞赛拉开了序幕。

斯普特尼克 1 号

"斯普特尼克 1 号"的成功不仅证明了苏联可以将一个物体送入地球轨道，也证明了苏联可以将核弹头发射到美国本土。长期依赖地理隔离的美国，第一次感到了自己的脆弱。在美国将第一颗卫星送入轨道之前，苏联又发射了第二颗卫星，再次击败了美国，而且他们这次将人送入了太空。苏联人显然成了太空竞赛的领跑者。

尤里·加加林

第一个进入外太空旅行的人名叫尤里·加加林。1960 年，他是入选苏联太空计划的 20 名宇航员中的一个，接受了复杂的心理和生理测试。该计划的先决条件是候选人必须是合格的空军飞行员，原因显而易见，因为他们需要相关的经验，如暴露在超重力和在高压力情况下保持冷静的能力。

由于苏联的宇宙飞船自动化程度较高，因此不需要使用载人飞行器来训练宇航员，使用模拟器训练就可以。在训练结束时，加加林凭借出类拔萃的成绩从候选人中脱颖而出。1961 年 4 月 12 日火箭发射升空，加加林乘坐着"东方一号"环绕地球飞行，创造了新的历史。

美国太空计划中所用设备的自动化程度都不如苏联的，其更多的是依赖飞行员的投入。由于这个原因，美国的选拔过程更注重寻找经验丰富的飞行员，而且要具备合适的经验类型。

试飞员是最受欢迎的选择，他们驾驶着军队中众多速度最快、最先进的飞机。像北美航空 X-15 这样的火箭飞机就是为这些飞行员制造的，用以测试太空的边缘。这些飞机飞得更高更快，它们可以像普通飞机一样在大气中飞行，但当空气变得十分稀薄时，它们就只能依靠火箭系统来控制。用性能超群的 X-15 培养未来的宇航员是一个理想的选择。

北美航空 X-15 高超声速飞机

航天飞机

除了支持太空计划的试验和训练飞行器之外，用于太空探索的其他运载工具就是火箭，这超出了本书的讨论范围。然而，有一种太空飞行器在本书的讨论范围内，那就是航天飞机。它结合了飞机和宇宙飞船的特点，类似于 X-15，但体积更大。航天飞机通常携带超过 20 吨的货物到近地轨道，拥有可容纳 11 名宇航员的空间，可以一口气飞到国际空间站，并与之对接。

作为世界上第一个可重复使用的太空飞行器，航天飞机确实令人印象深刻。不幸的是，随着剩余机群的老化，维护成本飙升，导致航天飞机在 2011 年退役。

自航天飞机的职业生涯结束以来，美国宇航员都是乘坐俄罗斯的联盟号宇宙飞船往返于国际空间站和地球之间。埃隆·马斯克的太空探索技术公司（SpaceX）可能很快将协助美国国家航空航天局（NASA）把美国宇航员运送到空间站，但该公司的计划是发射火箭，而不再发射航天飞机。不过，这并不意味着太空飞机的时代已经结束。自 2010 年以来，波音公司的 X-37 一直在进行无人驾驶的轨道飞行，展示了可重复使用的空间技术。随着技术的进步和太空旅行成本的下降，许多其他公司纷纷加入进来，渴望将太空旅行商业化。人们都在猜测由此可能引发的结果。可能对于更远距离的航程或更大的货物，航天飞机就不那么实用了。然而，这并不意味着在将来的某一天，乘坐航天飞机到地球轨道休闲旅行会像去机场一样平常。

滑翔比

飞机的滑翔比决定了在没有发动机动力的情况下飞机失去高度的速度。例如，20：1的滑翔比意味着每水平移动20米，高度损失1米。飞机的滑翔比当然越高越好，因为那不仅意味着在失去发动机动力的情

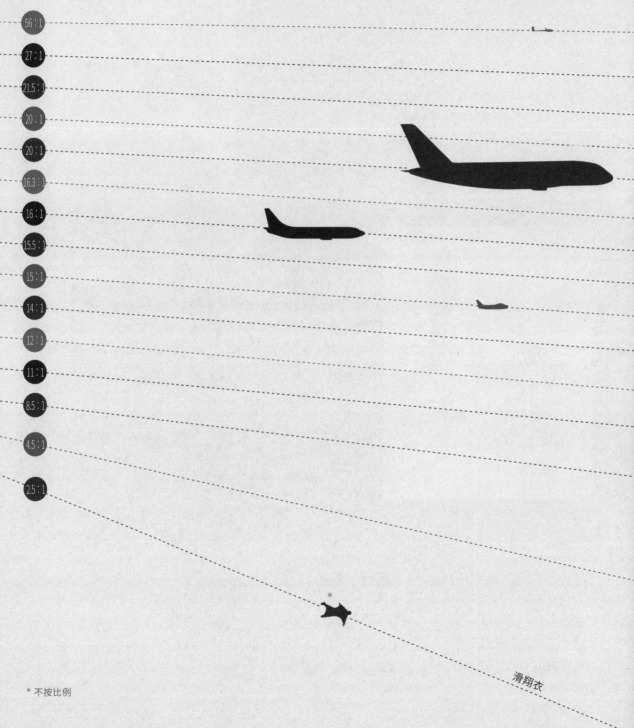

56：1

27：1

21.5：1

20：1

20：1

16.3：1

16：1

15.5：1

15：1

14：1

12：1

11：1

8.5：1

4.5：1

2.5：1

*

滑翔衣

* 不按比例

况下会相对更安全，也意味着飞机的燃油效率也更高。滑翔比的变化主要取决于飞机的飞行速度。在这两页中给出的数值是这些飞机最理想的滑翔比。

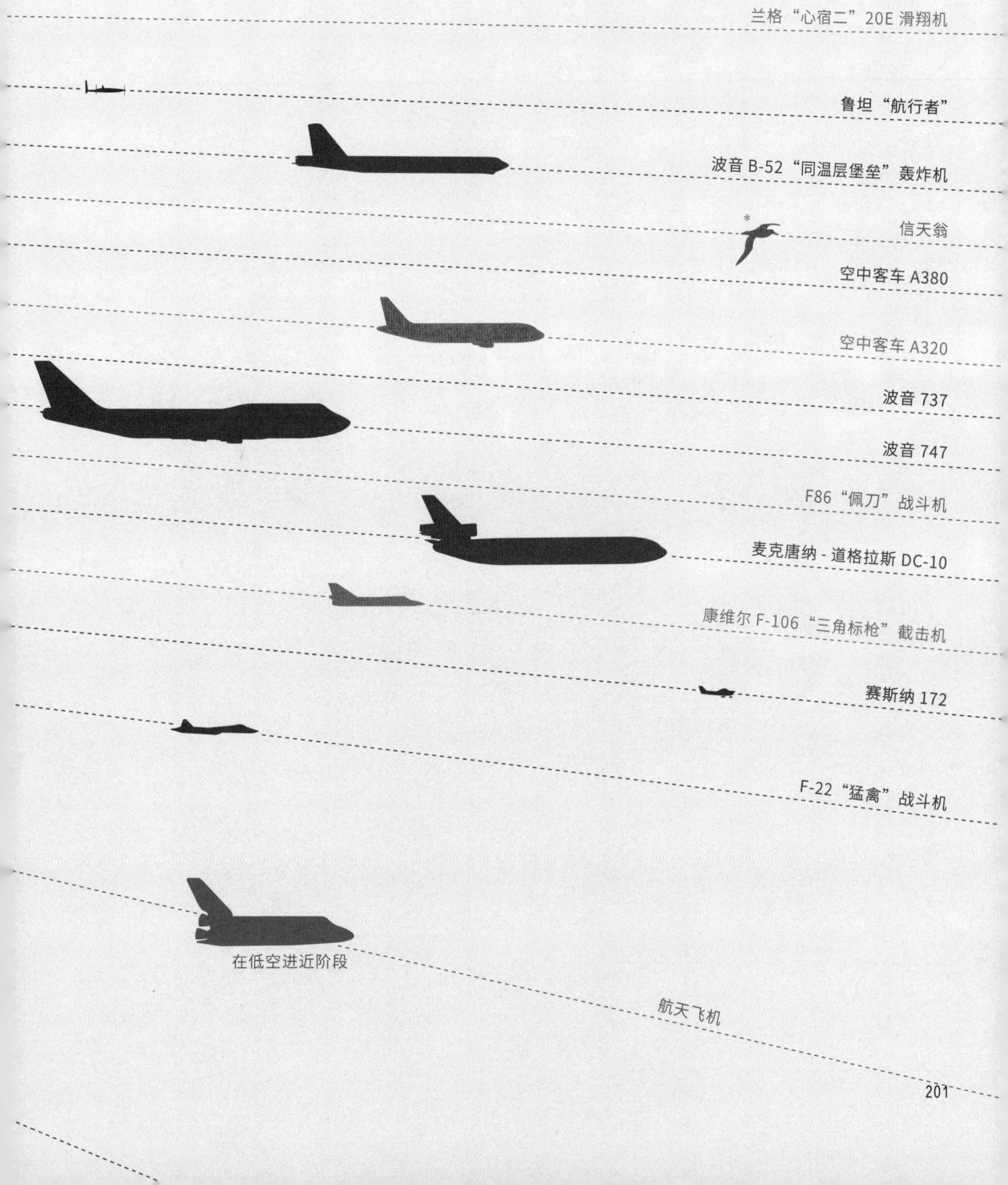

兰格"心宿二"20E 滑翔机

鲁坦"航行者"

波音 B-52"同温层堡垒"轰炸机

信天翁

空中客车 A380

空中客车 A320

波音 737

波音 747

F86"佩刀"战斗机

麦克唐纳 - 道格拉斯 DC-10

康维尔 F-106"三角标枪"截击机

赛斯纳 172

F-22"猛禽"战斗机

在低空进近阶段

航天飞机

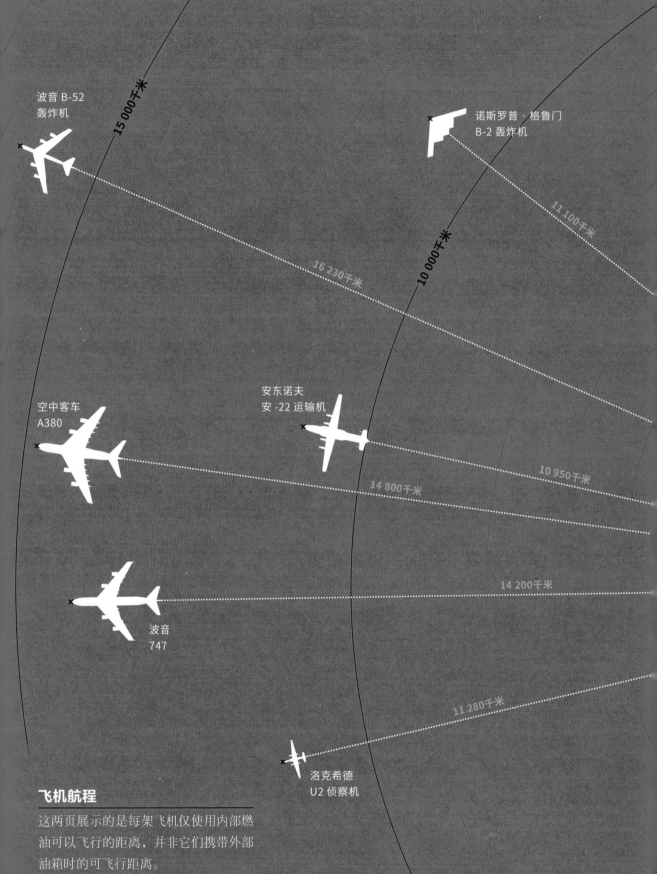

波音 B-52
轰炸机

15 000千米

诺斯罗普·格鲁门
B-2 轰炸机

11 100千米

16 230千米

10 000千米

空中客车
A380

安东诺夫
安 -22 运输机

10 950千米

14 800千米

14 200千米

波音
747

11 280千米

洛克希德
U2 侦察机

飞机航程

这两页展示的是每架飞机仅使用内部燃
油可以飞行的距离，并非它们携带外部
油箱时的可飞行距离。

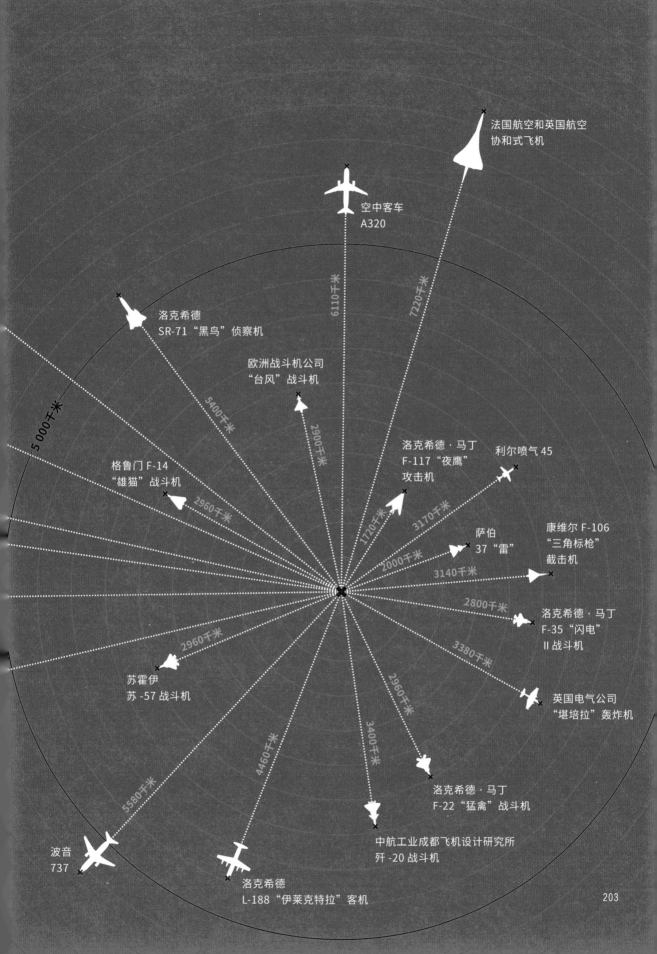

法国航空和英国航空
协和式飞机

空中客车
A320

洛克希德
SR-71 "黑鸟" 侦察机

欧洲战斗机公司
"台风" 战斗机

洛克希德·马丁
F-117 "夜鹰"
攻击机

利尔喷气 45

6110千米

7720千米

5400千米

2900千米

5 000千米

格鲁门 F-14
"雄猫" 战斗机

2960千米

1720千米

3170千米

萨伯
37 "雷"

康维尔 F-106
"三角标枪"
截击机

2000千米

3140千米

2800千米

洛克希德·马丁
F-35 "闪电"
Ⅱ战斗机

2960千米

3380千米

苏霍伊
苏 -57 战斗机

英国电气公司
"堪培拉" 轰炸机

4460千米

2960千米

3400千米

洛克希德·马丁
F-22 "猛禽" 战斗机

5580千米

中航工业成都飞机设计研究所
歼 -20 战斗机

波音
737

洛克希德
L-188 "伊莱克特拉" 客机

203

先进的飞行操纵面

大多数飞机都使用副翼、升降舵和方向舵，因此它们被认为是传统的飞行操纵面。由于每一个操纵面分别只控制飞机绕一个轴的运动，所以它们是最直接的系统。然而，有些飞机已经脱离了传统布局，许多其他控制方法已经被付诸实践。

近年来开发的许多"非常规"操纵面具有双重用途。它可能以一个操纵面的形式执行升降舵和方向舵的两种任务。这样做的理由因飞机而异：设计师也许发现，将两个功能合并到一个操纵面中能减少阻力；而对于另一架飞机，可能仍需要通过使用不同的操纵面来改善操纵。有时，由于飞机已不是传统的布局，所以这些改进的操纵面就变得必不可少，如三角翼飞机没有尾翼的情况。

一些飞机具有非传统的外形，其主要的设计原因不是出于空气动力学上的考量，而是雷达。为了避免被雷达发现，人们制造了奇形怪状的飞机，这些设计专门用来使雷达反射信号最小化。这使得飞机有时不再有尾翼，甚至没有一个可以辨别的机身，因为机身已经与机翼合为一体。对这样的飞机，常规的操纵面明显已经不再适用，例如：如果飞机没有尾翼，它就没有安装方向舵或升降舵的位置。然而，方向舵和升降舵的功能仍需要被实现，这就需要我们启用替代飞行操纵面。

先进的飞行操纵面

1903 年，莱特兄弟的第一架飞机以扭转机翼为特色，其升降舵被布置在飞行员的前面。不久之后，其他的飞行员开始尝试用不同的技术来控制飞机，并使用不同构型的升力面。再之后，扭转机翼就被带铰链的操纵面取代，升降舵在机尾找到了归宿，传统的飞机构型就此建立。

大多数飞机都是采用经过验证和测试的副翼、升降舵和方向舵控制系统。然而，也有人反其道而行之。设计师们尝试了各种新颖的控制方式，有的是为了提高飞机性能，还有的是为了满足不同机翼设计的需要。在第一架有动力飞机问世一个多世纪后，人类仍在对飞行操纵面的布局和功能进行探索和尝试。

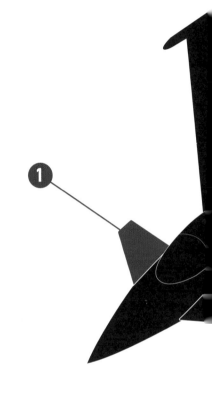

❶ 鸭式翼

鸭式翼是在主机翼前方加装的小翼，通常用于三角翼飞机上。鸭式翼改善了主机翼上方的空气流动，提高了飞机的机动性。

❷ 升降副翼

升降副翼将副翼和升降舵的功能合二为一，以控制飞机的滚转和俯仰。

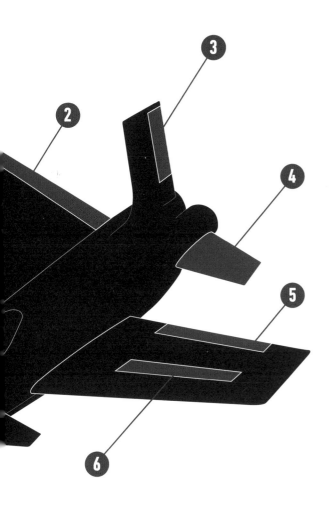

❸ 方向升降舵

方向升降舵被用于∨形尾翼的飞机上，它取代了传统的垂直尾翼和水平尾翼，将方向舵和升降舵的功能合二为一。

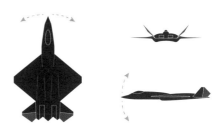

❹ 安定升降舵

整个水平尾翼是一体的可旋转部件，没有传统的铰接升降舵。左右安定升降舵协同工作以影响飞机的俯仰。

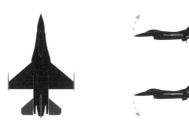

❻ 扰流副翼

同扰流板一样，扰流副翼可以减小升力。不同的是，扰流副翼可以互相独立使用来影响滚转，它将扰流板和副翼的功能合二为一。

❺ 襟副翼

同襟翼一样，襟副翼可以增加升力。不同的是，襟副翼可以互相独立使用来影响飞机滚转，它将襟翼和副翼的功能合二为一。

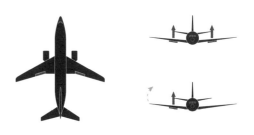

鸭式翼

机动性

尽管世界上的第一架飞机"飞行者一号"就曾使用鸭式翼,但鸭式翼直到 20 世纪 60 年代末才成为飞机设计的普遍特征。这在一定程度上是由于鸭式翼会使飞机在纵向上有不稳定的倾向,而当工程师发现在飞机后部加装升降舵可以使飞机稳定后,他们就一直沿用这种设计形式。直到计算机技术的进步,使高不稳定性成为机动性方面的优势,鸭式翼才重新出现。计算机飞行控制系统的兴起使工程师能够设计出不稳定但机动性很高的飞机,这是飞行员在没有辅助控制的情况下无法实现的。

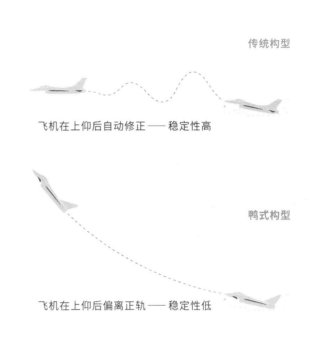

传统构型

飞机在上仰后自动修正 —— 稳定性高

鸭式构型

飞机在上仰后偏离正轨 —— 稳定性低

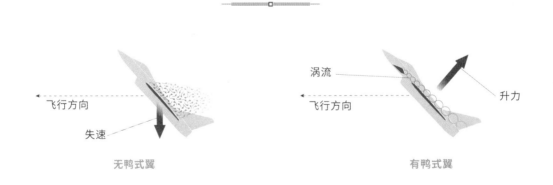

无鸭式翼

飞行方向

失速

涡流

飞行方向

升力

有鸭式翼

低速飞行

当以大的攻角飞行时,三角翼飞机的机翼容易失去升力。这是由于附面层的分离,导致机翼的上方被紊流覆盖。鸭式翼能够纠正这一点,它通过释放主机翼上表面的涡流,重新激活了气流,使机翼产生升力。鸭式翼在大攻角下增加了机翼的升力,改善了飞机在低速飞行(如起飞和着陆)时的操控性。

鸭式翼

萨伯 37 "雷" 1967 年，瑞典

萨伯 37 "雷" 作为中短程战斗机于 1971 年推出时，曾是欧洲最先进的战斗机，它在这个宝座上坐了 10 年，直到帕那维亚 "狂风" 战斗机问世。萨伯 37 "雷" 是第一种既有加力燃烧室又有反推装置的飞机、第一种装有机载集成电路计算机的飞机、第一种投产的鸭式气动布局战斗机。

图波列夫 图-144　1968 年，苏联

图-144 飞机比协和式飞机晚两年投入使用，它与协和式
飞机有着惊人的相似之处。早期在经历了几次坠机事故后，
该机队仅执行了 55 次定期航班就停飞了。沿着这架三角
翼飞机的机翼后缘装有升降副翼，它增强了飞机的滚转和
俯仰性能。

升降副翼

麦克唐纳-道格拉斯 F-4 "鬼怪" II　1958 年，美国

麦克唐纳-道格拉斯 F-4 "鬼怪" II 是一种强大的战斗机，
能携带 8400 千克的武器，以 2.2 马赫的速度飞行。这种
远程截击机和战斗轰炸机在越南战争中发挥了重要作用，
是美国生产最多的超声速军用飞机。与所有超声速喷气式
飞机一样，它使用了安定升降舵替代传统的升降舵。

安定升降舵

升降副翼

升降副翼作为操纵面影响飞机的滚转和俯仰，同时完成升降舵和副翼的工作。它们通常被用于三角翼飞机和飞翼飞机上，因为这两种飞机都没有分开的主翼面和尾翼来容纳传统的操纵面。当两侧升降副翼同时动作时，只影响飞机的俯仰；而如果两个升降副翼设置为不同的角度，飞机将发生滚转。

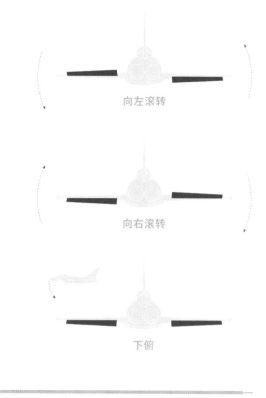

向左滚转

向右滚转

上仰

下俯

安定升降舵

安定升降舵也被称为全动平尾，它像升降舵一样控制飞机的俯仰。由于全动平尾结构简单，不像传统升降舵那样通过铰链连接，因此一些早期的飞机上曾使用过它。虽然全动平尾在亚声速飞行中不是很稳定，但在跨声速及更快的速度下效果极佳，因此，大多数现代战斗机都使用了全动平尾。如果安定升降舵的左右两部分能够相互独立运动，那么它们也可以协助控制飞机滚转，这被称为全动平尾副翼。

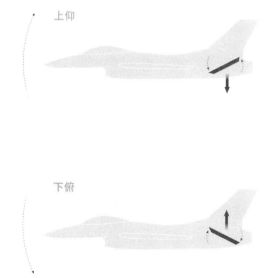

上仰

下俯

方向升降舵

方向升降舵

装有 V 形尾翼（亦称"蝴蝶尾翼"）的飞机没有水平尾翼或垂直尾翼来安装升降舵或方向舵。取而代之的是在 V 形尾翼的两个后缘安装铰链连接的操纵面，称为方向升降舵。该系统取代了传统的尾翼操纵面，可以综合控制飞机偏航和俯仰。理论上，V 形尾翼的两个突出翼面产生的阻力要小于传统的三翼面尾翼（两个水平尾翼加一个垂直尾翼）。正因如此，人们对 V 形尾翼进行了多次试验。然而研究表明，为了达到与传统尾翼相同的稳定性，V 形尾翼必须做得更大，这会降低它的减阻效果。由于没有垂直尾翼，降低了方向稳定性，装有 V 形尾翼的飞机容易出现"蛇行"现象，即从一边到另一边的反复偏航。为了弥补这一点，装有 V 形尾翼的飞机通常会有更长的后机身，以提供更长的杠杆，来辅助尾翼准确控制飞机。对现代军用飞机来说，V 形尾翼固有的不稳定性已经不是什么大问题了，因为其飞行控制系统在处理不稳定性方面的能力远远超过了人类飞行员。V 形尾翼有助于减小跨声速飞行阶段的阻力，同时也可以减少飞机的雷达反射信号。

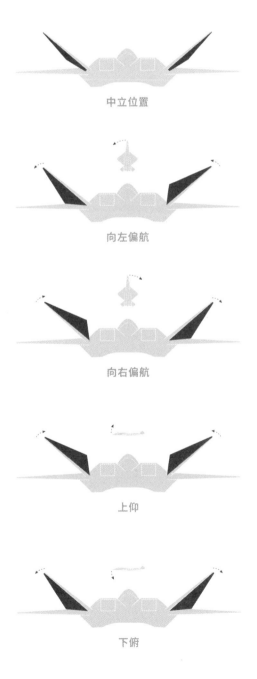

中立位置

向左偏航

向右偏航

上仰

下俯

方向升降舵

诺斯罗普 YF-23 1990 年，美国

20 世纪 80 年代，诺斯罗普公司与洛克希德公司
争相设计一种飞机来取代美国空军的战斗机，诺斯
罗普 YF-23 由此诞生。它比其竞争对手 YF-22
隐身性能更好、飞行速度更快，但没有后者敏
捷。最终洛克希德的 YF-22 被选中，并作为
F-22 "猛禽" 战斗机投入生产。YF-23 只制造
了两个原型机，即图中的 "灰色幽灵"（近景）和
"黑寡妇" Ⅱ（远景）。为了达到更好的隐身效果，
倾斜的方向升降舵比垂直尾翼更受设计师的青睐。

波音 767　1981 年，美国

波音 767 是一种大中型客机，载客量为 181 人至 375 人。20 世纪 90 年代，它是在北美和欧洲之间的跨大西洋航线上最常用的喷气式客机。在飞行中，扰流副翼可以在任意机翼上升起以协助飞机滚转。

扰流副翼

波音 787"梦想客机"　2009 年，美国

当波音 767 的销量放缓时，波音便开始研发它的替代品波音 787。更新换代后的波音 787 是第一种主要由复合材料制作的喷气式客机，比它的前身提高了 20% 的燃油效率。它有一个相对较小的襟副翼，位于襟翼和副翼之间。

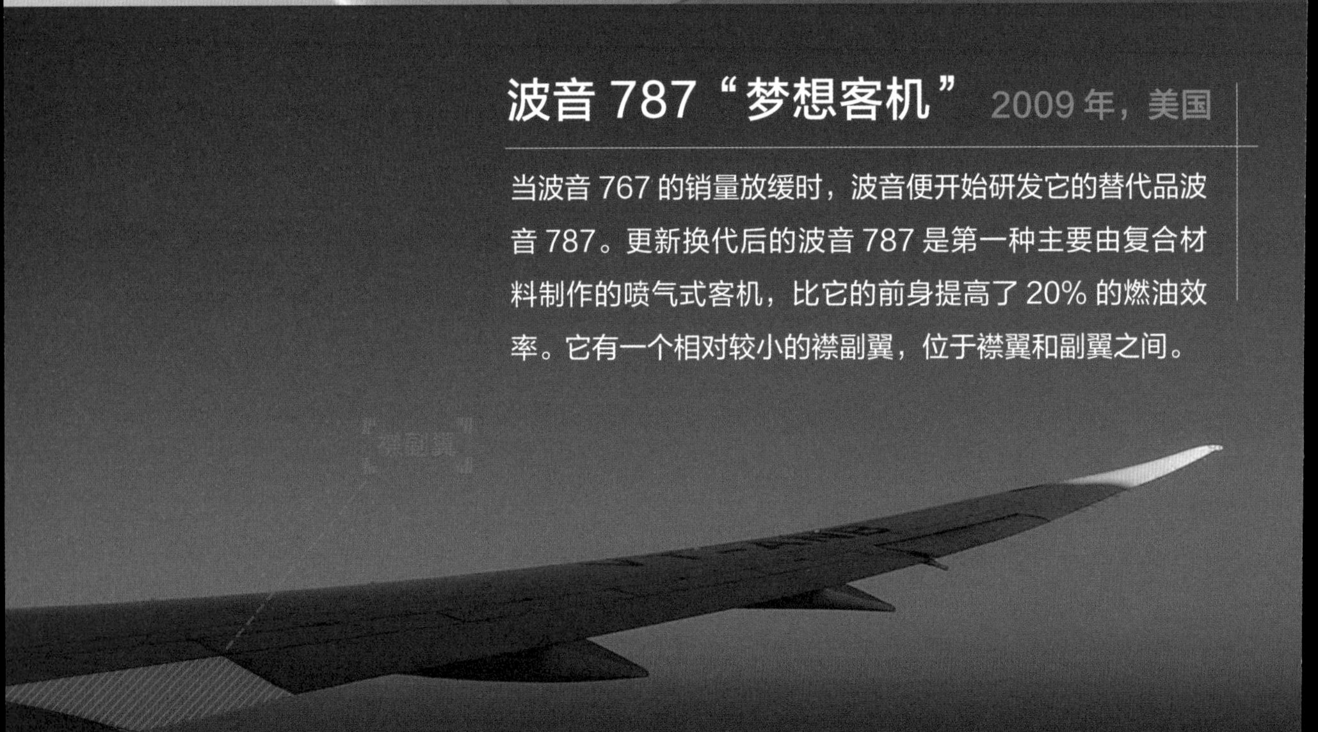

襟副翼

扰流副翼

扰流副翼可以像普通扰流板一样工作，当两侧扰流副翼被同时启用时，它们会减少两侧机翼的升力。当只有一个扰流副翼运动时，其作用与襟副翼相似，可帮助飞机滚转。在图中，可以看到当左扰流副翼伸出时，该侧机翼的升力减小，飞机向左滚动。由于襟翼需要沿着整个机翼的后缘展开，一些飞机没有给副翼留出空间。在这种情况下，就要使用扰流副翼进行横向控制。

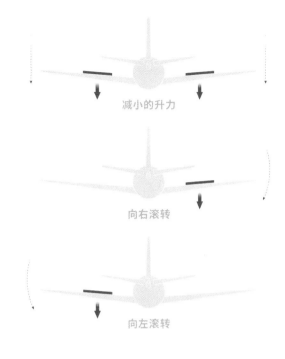

襟副翼

如前文所讲，襟翼同时展开以增加升力，帮助飞机在速度较慢的起飞和降落过程中保持在空中；而襟副翼既能做到这一点，也能起到副翼的作用，即协助飞机滚转。左右襟副翼是通过相互独立的运作来实现飞机滚转的。例如，如果左侧襟副翼展开，那么该侧机翼会产生更多的升力，飞机就会向右滚转。在大型商用飞机上，襟副翼通常位于主机翼外侧部分的副翼和内侧部分的襟翼之间。

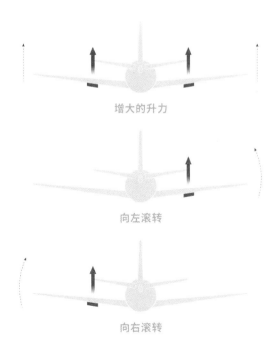

推力矢量

随着技术的进步，机翼及其操纵面变得更有效，飞机的机动性也在增强。另一个提高飞机性能的技术进步是推力矢量，即改变发动机推力角度的能力。

大角度转向

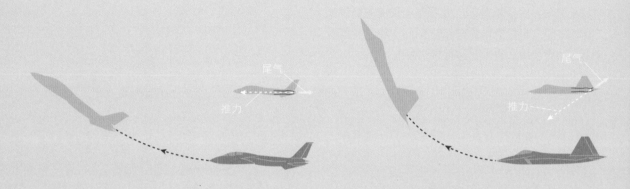

典型的喷气式战斗机

使用传统发动机的飞机有一个静态尾喷管，这意味着飞机是由飞机的空气动力学形态和飞行操纵面控制的。

推力矢量战斗机

推力的作用方向可以通过让喷气发动机的尾气发生偏转来改变。能有效地控制推力的方向，意味着飞机具有更强的机动性。

垂直起降

垂直起降（VTOL）飞机能够改变推力角度，使其在没有任何前进速度的情况下起飞和降落。

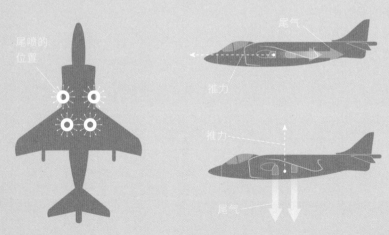

向前飞行

所有的喷管都指向飞机的后部，飞机像平时一样承受向前的推力。

悬停

通过将所有的喷管垂直指向下方，飞机可以起飞、悬停和降落。

21 336米/分钟
(70 000英尺/分钟)

18 288米/分钟
(60 000英尺/分钟)

欧洲战斗机
公司"台风"
战斗机

米高扬·格列维奇
米格 -35 战斗机

洛克希德·马丁
F-22 "猛禽"战斗机

苏霍伊
苏 -35 战斗机

15 240米/分钟
(50 000英尺/分钟)

萨伯 JAS 39B
"鹰狮"战斗机

12 192米/分钟
(40 000英尺/分钟)

洛克希德·马丁
F-35 战斗机

F/A-18E
"超级大黄蜂"战斗机

达索"幻影"5
战斗机

9144米/分钟
(30 000英尺/分钟)

康维尔 F-106
"三角标枪"截击机

6096米/分钟
(20 000英尺/分钟)

英国电气公司
"闪电"战斗机

10 000英尺/分钟

北美航空 P51
"野马"战斗机

超级马林喷火
战斗机

BAE "鹰"式
教练机

爬升率

爬升率是战斗机的一个重要特性。高爬
升率使飞机在空战中更容易占据优势，
也能更有效地拦截轰炸机。

217

① 洛克希德·马丁 F-117 "夜鹰" 攻击机　1981年, 美国

F-117 于 1983 年投入使用, 是第一款围绕隐形技术设计的飞机。它的开发一直处于保密状态, 直到 1988 年才为公众所知。尽管被指定为 F 系列战斗机, 但它没有空对空作战能力, 仅能携带两枚 910 千克的激光制导炸弹。至今只有一架 F-117 在战斗中被击落。

② 诺斯罗普·格鲁门 B-2 "幽灵" 轰炸机　1989年, 美国

B-2 轰炸机可以携带重达 18 吨的核武器或常规炸弹深入敌阵。在没有方向舵的情况下, 其飞翼的设计可以单独调整每个发动机的推力, 以辅助飞行操纵。每架飞机超过 7 亿美元的造价, 让 B-2 成了有史以来最昂贵的飞机。

③ 洛克希德·马丁 F-22 "猛禽" 战斗机　1997年, 美国

F-22 的主要开发目标是作为隐形战术战斗机, 兼具地面攻击和电子战的能力。F-22 于 2005 年推出, 在当时是世界上最先进的战斗机。尽管 F-22 具有史无前例的作战能力, 但其高昂的成本以及功能更多的 F-35 战斗机的开发, 导致 F-22 于 2011 年停产。

设计隐形飞机的目的是避免被敌军发现。大多数情况下, "隐形" 指的是如何将飞机的雷达反射信号最小化。发现并定位一架飞机可以有很多方法: 探测飞机释放的红外热辐射、肉眼观测、接收发动机噪声、接收飞机的雷达反射信号。

④ 洛克希德·马丁 F-35"闪电"II 战斗机　2006年，美国

F-35 因超出最初的 1630 亿美元预算，且开发延期了 7 年而名声扫地。尽管有一些非议，但它先进的技术和多样的功能让它可以胜任很多角色。F-35B 的改进型能够短距起飞和垂直降落。据估计，F-35 将一直服役到 2070 年。

⑤ 苏霍伊 苏-57 战斗机　2010年，俄罗斯

苏-57 被设计成具有超级机动性和隐形性，是俄罗斯空军米格-29 和苏-27 当之无愧的接班人。它能够进行超声速巡航——在不使用加力燃烧室的情况下轻易突破声速。苏-57 配备了先进的航空电子设备，旨在击败敌军的上一代战斗机和陆海防御。

⑥ 中航工业成都飞机设计研究所 歼-20 战斗机　2011年，中国

歼-20 是中国的第一架隐形战斗机，它的机身长而宽，明显比美国和俄罗斯的同类机型更大、更重。歼-20 的研发计划从 20 世纪 90 年代末才开始，首飞在 2011 年实现，首批投入使用是在 2017 年。该项目开花结果的速度展现了中国迎头赶上的决心。

隐形

没有一架飞机面对雷达的探测能实现完全的隐身，但现代技术已经允许我们把飞机的无线电反射信号减少到与一只鸟的回波一样小。这主要通过两种方法来实现：一种方法是制造一架飞机，使雷达回波的方向偏离，不返回发射方；另一种方法是使用雷达信号吸收材料。早期对隐形的尝试导致了一些不稳定到令人难以置信的飞机的出现，但随着科技的进步，隐形技术已经被成功应用到具有良好空气动力学性能的飞机上。

机翼面积（单位：平方米）

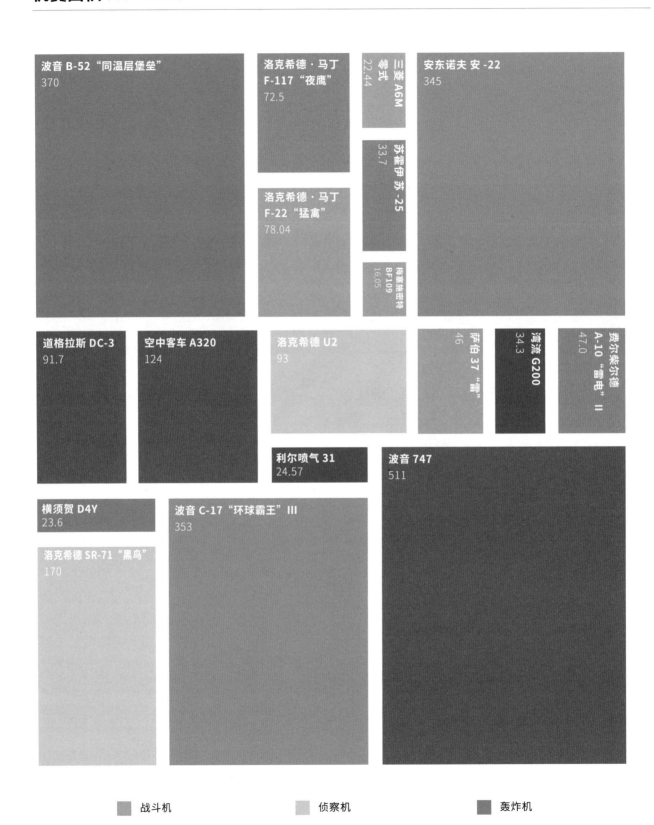

波音 B-52 "同温层堡垒"
370

洛克希德·马丁
F-117 "夜鹰"
72.5

三菱 A6M
零式
22.44

安东诺夫 安 -22
345

苏霍伊 苏 -25
33.7

洛克希德·马丁
F-22 "猛禽"
78.04

梅塞施密特
BF109
16.05

道格拉斯 DC-3
91.7

空中客车 A320
124

洛克希德 U2
93

萨伯 37 "雷"
46

湾流 G200
34.3

费尔柴尔德
A-10 "雷电" II
47.0

利尔喷气 31
24.57

波音 747
511

横须贺 D4Y
23.6

波音 C-17 "环球霸王" III
353

洛克希德 SR-71 "黑鸟"
170

战斗机　　　侦察机　　　轰炸机

220

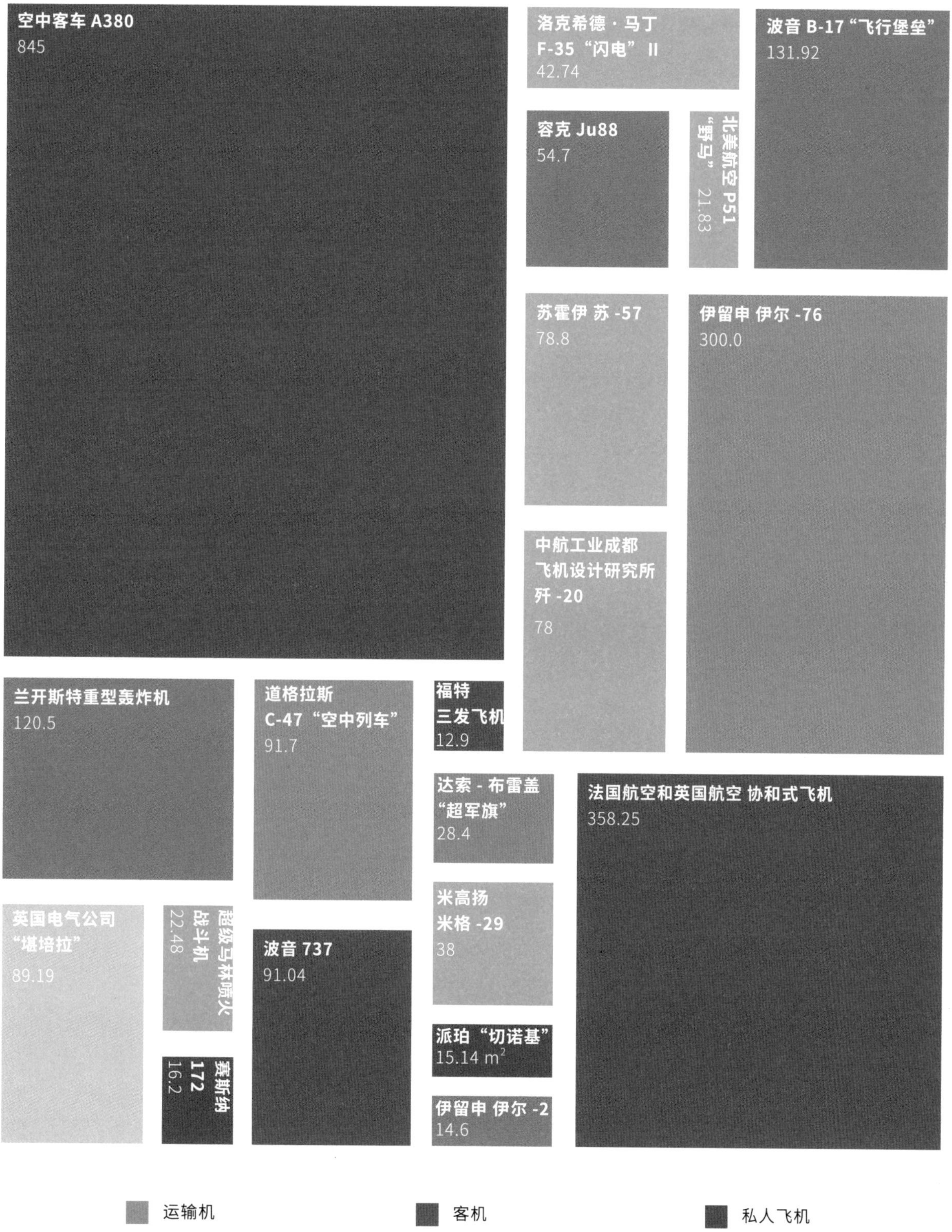

空中客车 A380
845

洛克希德·马丁
F-35 "闪电" II
42.74

波音 B-17 "飞行堡垒"
131.92

容克 Ju88
54.7

北美航空 P51
"野马"
21.83

苏霍伊 苏 -57
78.8

伊留申 伊尔 -76
300.0

中航工业成都
飞机设计研究所
歼 -20
78

兰开斯特重型轰炸机
120.5

道格拉斯
C-47 "空中列车"
91.7

福特
三发飞机
12.9

达索 - 布雷盖
"超军旗"
28.4

法国航空和英国航空 协和式飞机
358.25

英国电气公司
"堪培拉"
89.19

超级马林喷火
战斗机
22.48

波音 737
91.04

米高扬
米格 -29
38

派珀 "切诺基"
15.14 m²

塞斯纳
172
16.2

伊留申 伊尔 -2
14.6

运输机

客机

私人飞机

221

SR-71 "黑鸟"侦察机 1964年，美国

SR-71 不仅是冷战结束后最先进的飞机之一，也是有史以来最令人叹为观止的机器之一。尽管"黑鸟"侦察机在敌对地区参与了数千次空中侦察任务，却从未被击落过。该型飞机是对隐形技术的早期尝试，通过使用特殊材料和特殊的形状设计，它能够使一些雷达回波偏离发射方。虽然它的雷达反射信号很弱，但它最好的防御手段还是它的速度和高度。作为最快的吸气式载人飞机，它的飞行高度可达到 24 383 米（8 万英尺），速度可达到 3.3 马赫。在这个速度和高度下，它很难被敌人的武器锁定，即使被锁定了，"黑鸟"把油门推到全速也可以轻松甩开瞄准它的导弹。

最大的速度和高度

SR-71 "黑鸟" 侦察机

苏霍伊 苏 -57 战斗机

欧洲战斗机公司 "台风" 战斗机

萨伯 37 "雷" 战斗机

米高扬 米格 -29 战斗机

中航工业成都飞机设计研究所 歼 -20 战斗机

康维尔 F-106 "三角标枪" 截击机

波音 B-52 轰炸机

利尔喷气 45

洛克希德·马丁 F-35 战斗机

格鲁门 F-14 "雄猫" 战斗机

英国电气公司 "堪培拉" 轰炸机

格罗斯特 "流星" 战斗机

空中客车 A380

梅塞施米特 Me-262 战斗机

波音 B-17 轰炸机

超级马林喷火战斗机

容克 Ju88 轰炸机

兰开斯特重型轰炸机

福特三发飞机

赛斯纳 172 "天鹰"

布莱里奥 11

高度（英尺）

80 000

70 000

60 000

50 000

40 000

30 000

20 000

10 000

0	500	1000	1500	2000	2500	（英里／时
0	800	1600	2400	3200	4000	（千米／时

最快速度

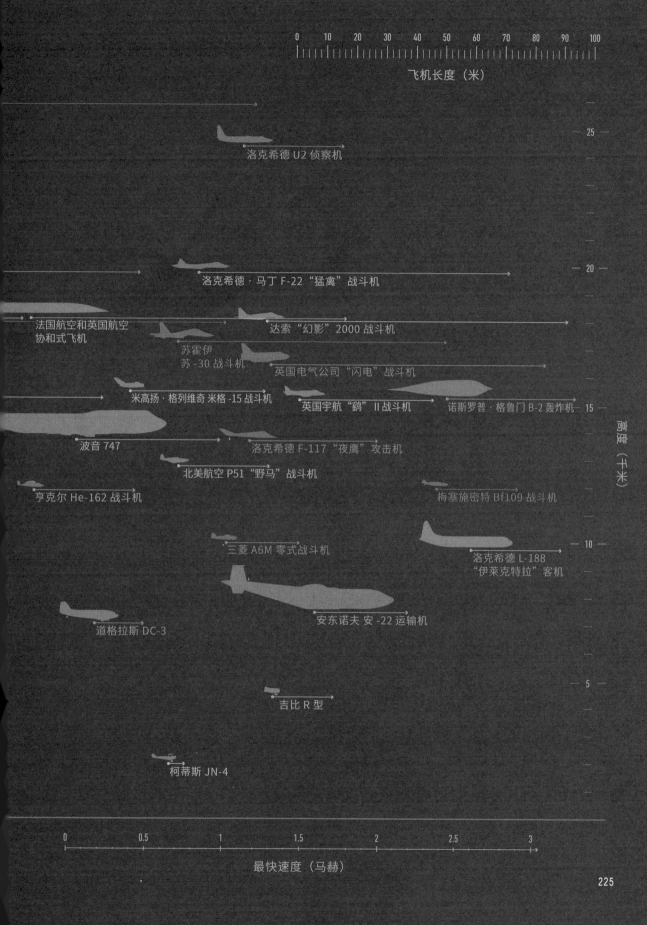

飞机长度（米）

0 10 20 30 40 50 60 70 80 90 100

洛克希德 U2 侦察机

洛克希德·马丁 F-22 "猛禽" 战斗机

法国航空和英国航空
协和式飞机

达索 "幻影" 2000 战斗机

苏霍伊
苏 -30 战斗机

英国电气公司 "闪电" 战斗机

米高扬·格列维奇 米格 -15 战斗机

英国宇航 "鹞" II 战斗机

诺斯罗普·格鲁门 B-2 轰炸机

波音 747

洛克希德 F-117 "夜鹰" 攻击机

北美航空 P51 "野马" 战斗机

亨克尔 He-162 战斗机

梅塞施密特 Bf109 战斗机

三菱 A6M 零式战斗机

洛克希德 L-188
"伊莱克特拉" 客机

安东诺夫 安 -22 运输机

道格拉斯 DC-3

吉比 R 型

柯蒂斯 JN-4

高度（千米）

25

20

15

10

5

最快速度（马赫）

0 0.5 1 1.5 2 2.5 3

旋翼飞机

尽管直升机可能达不到飞机的速度和飞行高度，但在飞行中途停止和保持悬停的能力是其独特的优势。能够在原地起飞和降落则是直升机的另一个独门绝技。不同于固定翼飞机，直升机不需要柏油跑道或者其他完备的起降跑道，几乎可以在任何地方运行。

尽管人们对于制造直升机已经深思熟虑了很久，但付诸实践的道路却荆棘丛生。早在 2000 多年前，源自中国的玩具"竹蜻蜓"就证明了垂直飞行的可行性。到了 15 世纪 80 年代早期，列奥纳多·达·芬奇设计了一种能够垂直飞行的机器。然而，这个貌似"飞机螺旋桨"的概念没有"开花结果"，没有证据表明达·芬奇制造过微缩模型以外的大型样机。人们可能会认为，一旦我们掌握了机翼的工作原理，并且有了那种能将莱特兄弟送上天空的发动机，直升机的出现就指日可待了。

然而，在"飞行者一号"升空之后的 30 多年后，世界上第一架实用直升机才迎来首次飞行。在此之前，许多工程师都尝试过发明直升机，但早期的结果通常是动力不足、不够稳定，即使试验机成功离地了，也只是在距地面几米的高度跟跟跄跄地前进。功夫不负有心人，凭借聪明才智和锲而不舍的努力，工程师们解决了旋翼飞行带来的诸多难题。

直升机的主要部件

尽管直升机的设计多种多样，但和固定翼飞机一样，有一种构型是迄今为止最常见的。大多数早期直升机的主旋翼数量都多于一个，但这种设计逐渐被如今的构型取代，即一个主旋翼和一个垂直安装的尾桨。虽然这种构型在早年间就进行过试验，但直到 20 世纪 40 年代才开始大规模生产。

直升机的能源效率远不如飞机。凭肉眼也可以看出，直升机旋翼不停地鞭笞空气似乎要比飞机在空中轻轻滑行费力许多。由于效率低下，直升机需要更强的动力，这就导致其发展缓慢。早期直升机使用的活塞发动机自重大、动力不足且可靠性低。到了 20 世纪 50 年代，喷气发动机的出现彻底改变了动力飞行，也改变了直升机。这项新技术更加可靠，而且至关重要，为直升机提供了所需的额外动力。20 世纪后半叶，直升机不仅体积增大，性能和速度也都有所提升。

⑤ 发动机

发动机为旋翼桨叶的转动提供动力，并为其他机载服务提供能量。涡轮轴发动机是直升机最常用的发动机，其产生的喷气动力被用来转动连接在转子上的轴，而非产生推力。

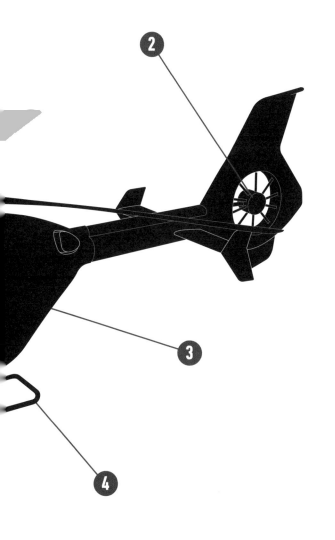

❶ 旋翼桨叶

当有空气流过时，旋翼桨叶会产生升力，就像飞机的机翼一样。旋翼桨叶连接在主转轴上，以高速绕轴旋转。

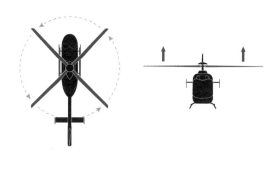

❷ 尾桨

尾桨是垂直安装的，它可以产生一个水平作用的升力，以提供方向稳定性和航向控制。它通过尾梁与直升机相连。

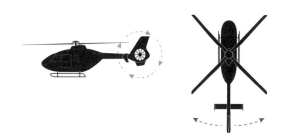

❹ 起落架

直升机的起落架有许多种：有的使用轮子，有的使用滑橇，还有的使用浮筒。

❸ 机身

同固定翼飞机一样，机身是直升机的主体，一切都与机身相连。飞行员坐在机身前部的驾驶舱内。

直升机飞行的原理

直升机与固定翼飞机的飞行方式不同，但升力原理是一样的。有别于固定翼飞机，直升机不需要前进的速度来产生升力，因为它们的机翼（旋翼桨叶）会不断旋转以在其上方产生气流。在这里，我们将介绍直升机飞行和操作的基本原理。

飞机的翼型

旋翼桨叶的翼型

旋转的桨叶

我们都知道空气流过机翼时会产生升力（此原理在本书开头部分提到过）。旋翼桨叶的作用也是如此。通过比较固定翼飞机的翼型和直升机旋翼桨叶的翼型，可以直观地发现它们的相似性。当旋翼桨叶旋转时，每个桨叶都产生升力。由于所有的旋翼桨叶都连接在转子轴上，它们产生升力的合力作用于转子轴处使直升机保持在空中。

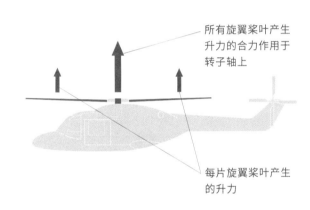

所有旋翼桨叶产生升力的合力作用于转子轴上

每片旋翼桨叶产生的升力

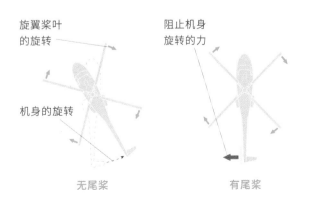

旋翼桨叶的旋转

机身的旋转

无尾桨

阻止机身旋转的力

有尾桨

尾桨

发动机使旋翼桨叶向一个方向转动的结果，也会导致机身向另一个方向转动。如果不加以控制，直升机就会失去控制。为了解决这个问题，直升机还有一个垂直安装的尾桨，该尾桨向机身旋转的反方向施加一个力。

西科斯基 R-4B 直升机 [1]　1942 年，美国

R-4 是第一款大批量生产的直升机，也是第一款同时在美国空军和英国皇家空军服役的直升机。R-4 直升机由一个 200 马力的活塞发动机提供动力，可以容纳一名飞行员和一名乘客，最大航程 210 千米。R-4 直升机主要用于运送飞机部件和医疗设备，并执行救援工作。

1　R-4B 是 R-4 的子型号。——编者注

布里斯托 171
"大枫树"直升机 1947 年，英国

布里斯托 171 直升机可搭载 3 名乘客，可轻松适应多种角色。作为第一种进入英国皇家空军服役的英国直升机，它被用于搜救、空中救护、客运、货运、空中起重和培训。民用运营商一般用它来执行运输、山区救援和航空测量工作。

直升机的操纵

爬升

和普通机翼一样，旋翼桨叶撞击气流的角度（攻角）会影响其产生的升力大小。为了使飞机上升，所有的旋翼桨叶都会增大攻角，如此一来，单个桨叶产生的升力也会增加。而为了下降，所有的桨叶都要减小攻角。

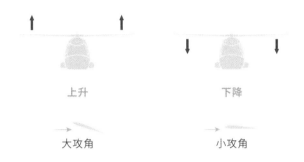

上升　　　　　　　　　下降

大攻角　　　　　　　　小攻角

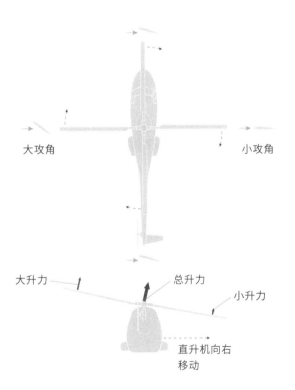

大攻角　　　　　　　　小攻角

大升力　　　　　　　总升力

小升力

直升机向右移动

方向

为了向不同的方向飞行，直升机会使各旋翼桨叶的相对角度发生变化。这是通过在转子轴周围使用一个旋转斜盘来实现的，它可以根据桨叶的位置提高或降低单个桨叶的攻角。例如，如果飞行员想要直升机向右移动，直升机右侧的桨叶会降低攻角，从而产生较小的升力；当桨叶转到机身后侧时，它的攻角增大；当它转到机身左侧时，它的攻角达到最大。所有的桨叶都是这样绕着轴旋转的，它们接近左边时会不断地向上倾斜，接近右边时会不断地向下倾斜。当所有桨叶产生升力的合力不再垂直向上，而是向右倾斜时，直升机就会朝右侧移动。

偏航

为了使直升机偏航，尾桨桨叶的攻角会增大或减小，以改变作用于机尾的水平方向升力的大小。这个力使飞机向某一侧偏航。

直升机向右偏航　　　　　　直升机向左偏航

水平升力　　　　　　　　　水平升力

自旋翼飞机

为了解决固定翼在低速飞行时的失速问题，人们发明了自旋翼飞机。它既不能像直升机那样在空中悬停，也不能达到固定翼飞机那样高的飞行速度。然而，在直升机成功飞行之前，自旋翼飞机就已经不辱使命，为失速问题提供了解决方案。

功能

右图中，一架自旋翼飞机正在飞行，飞机前部的螺旋桨提供了所有向前的推力。飞机上方的旋翼桨叶没有动力，并向机尾倾斜。由于飞机向前运动，空气流过旋翼桨叶，使它们旋转并产生升力。这些升力向上作用，使自旋翼飞机保持在空中并略微后倾。自旋翼飞机的旋翼桨叶可以在非常低的空速下产生升力，而如果逆风足够强，飞机甚至可以悬停在空中。

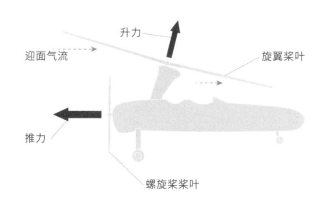

升力

迎面气流

旋翼桨叶

推力

螺旋桨桨叶

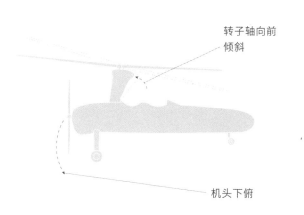

转子轴向前倾斜

机头下俯

控制

为了使自旋翼飞机上仰或下俯，飞机的转子轴会分别向前或向后倾斜。转子轴向前倾斜时，升力作用的角度也向前倾斜，机头下俯。侧向移动也是同样的方法，即让旋翼按那个方向倾斜。而和普通飞机一样，自旋翼飞机需要一个方向舵来控制向左向右的偏航。

凯利特 KD-1 1934年，美国

KD-1是第一种引入美国陆军的实用自旋翼飞机，也是第一种用于运输定期邮件的自旋翼飞机。它的设计灵感来源于西班牙工程师胡安·德·拉·谢尔瓦发明的第一架自旋翼飞机。本图中的双座、开放座舱的自旋翼KD-1是一架观察机。

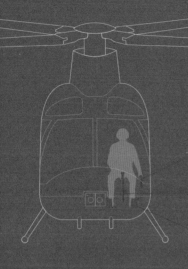

总距操纵杆

周期变距操纵杆

踏板

直升机的控制系统

直升机有一个操纵杆，同时控制所有旋翼桨叶的角度，称为"总距操纵杆"。另一根操纵杆称为"周期变距操纵杆"，在桨叶旋转过程中的不同位置调整其角度。和飞机一样，直升机也用踏板来控制偏航。

升降

总距操纵杆位于飞行员的一侧，看上去很像汽车的手刹。向上拉杆会使直升机上升，向下推杆会使直升机下降。

方向

向哪个方向推动周期变距操纵杆，直升机就会向哪个方向运动。

偏航

直升机的踏板被称为"反扭矩踏板"，踩右踏板使直升机向右偏航，踩左踏板使直升机向左偏航。

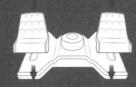

生产数量最多的直升机

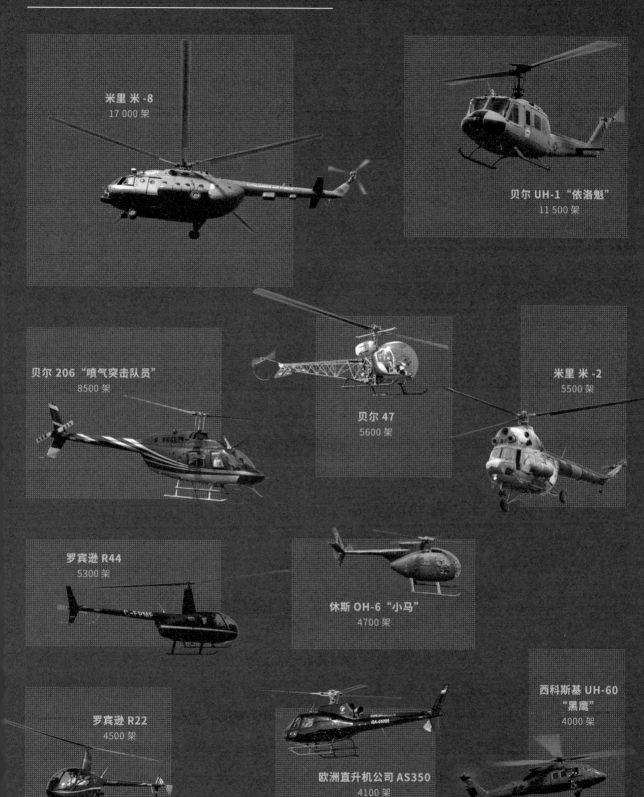

米里 米 -8
17 000 架

贝尔 UH-1 "依洛魁"
11 500 架

贝尔 206 "喷气突击队员"
8500 架

贝尔 47
5600 架

米里 米 -2
5500 架

罗宾逊 R44
5300 架

休斯 OH-6 "小马"
4700 架

西科斯基 UH-60 "黑鹰"
4000 架

罗宾逊 R22
4500 架

欧洲直升机公司 AS350
4100 架

民用直升机

直升机在民用航空市场中扮演了多种多样的角色，这些角色通常不能由任何其他类型的飞机执行。从海上或山顶上救起被困或受伤的人、用高压水枪扑灭高楼大厦的大火、用热成像摄影机追踪罪犯等——直升机确实承担了许多举足轻重的任务。除此之外，直升机还提供一系列其他服务，如：城市和荒野上空的观光旅行、电影和电视的空中摄影、商务飞行、飞行培训、普通娱乐和休闲飞行。因为需要运送员工往返于海上钻井平台，所以石油业特别依赖直升机的服务。

① 阿古斯塔 - 韦斯特兰 AW119 "考拉"　1995年，英国/意大利

意大利直升机制造商阿古斯塔公司和英国直升机制造商韦斯特兰公司于2000年合并，成立了阿古斯塔 - 韦斯特兰公司。可控性强、单发动机的AW119直升机可容纳7名乘客，已经被用于各种用途，包括行政运输、医疗服务和执法活动。

② 贝尔 407　1995年，美国/加拿大

贝尔407是一种民用多功能直升机，可容纳2名机组人员和5名乘客。得益于它的高性能和舒适的乘坐体验，该型直升机被用于旅游、包机、航空摄影、企业活动，以及海上运输。少数几个国家已经将一些贝尔407直升机改装用于军事。

③ 欧洲直升机公司 EC225 "超级美洲狮"　2000年，多国

这种双发远程客运直升机最多可容纳24名乘客。它坚固耐用，普遍用于海上钻井平台之间的人员运送以及海上搜救。它还可以配备高压水枪，用于空中灭火。

④ 亘柏 "迅羊" G2　2005年，法国

"迅羊" G2的设计目标是作为理想的直升机飞行员训练机，座位前方设有双通道控制席，具有优良的操控性、机动性和安全性。尽管 "迅羊" G2是活塞动力直升机，但它融合了许多常用在大型涡轮动力直升机上的先进技术。

⑤ 罗宾逊 R66　2007年，美国

R66是罗宾逊公司的第一种涡轮动力直升机，它可以承载更多的重量，比它的前代飞得更快更稳。通常来讲，R66直升机有5个座位；不过已经投产的一款警用版减少了一个座位，用于安装红外摄像机、探照灯和外部广播系统。

桨叶的构型

尽管人们尝试过许多不同的系统，但现役的绝大多数直升机配置的都是一个主旋翼和一个尾桨。早期的许多飞行器都有 4 组旋翼，称为 4 轴飞行器。虽然这种构型已经不在当今的直升机上使用，但由于无人机的流行，4 旋翼的配置又迎来了第二春。

常规构型
一个水平安装的旋翼桨毂和一个垂直安装的尾桨

共轴式
两副旋翼安装在一个轴上，旋转方向相反

纵列式
两个旋翼桨毂前后排列安装

横列式
两副旋翼并排安装

交叉式
两个旋翼桨毂轴彼此成一定角度，桨叶有重叠而不碰撞

四旋翼
机身四周安装四副旋翼

倾转旋翼

起飞和着陆
像横列式直升机一样垂直起飞

飞行中
旋翼像固定翼飞机上的螺旋桨一样向前旋转

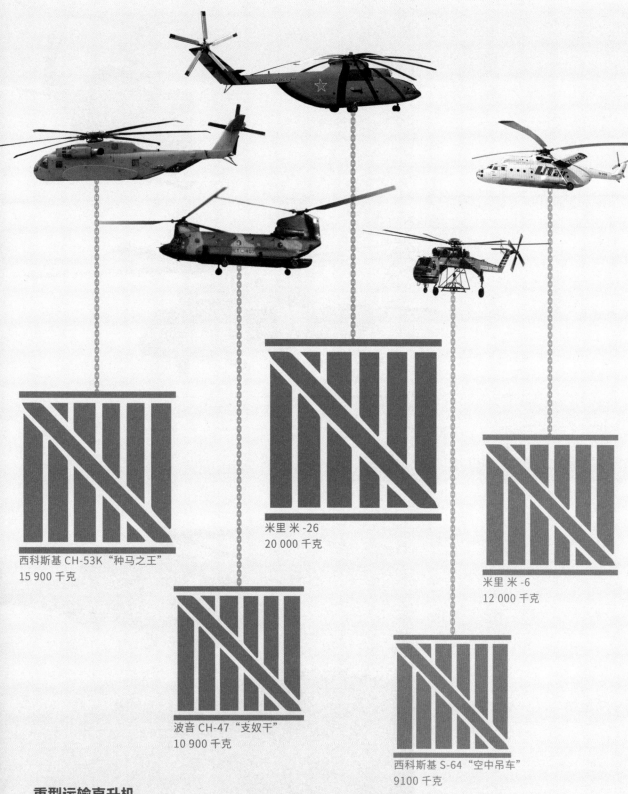

西科斯基 CH-53K "种马之王"
15 900 千克

波音 CH-47 "支奴干"
10 900 千克

米里 米 -26
20 000 千克

米里 米 -6
12 000 千克

西科斯基 S-64 "空中吊车"
9100 千克

重型运输直升机

几十年来，人们一直在尝试制造直升机，可是制造出的机器都不够稳定，有的甚至无法带起自身的重量。在发明了喷气发动机后，直升机变得强大，起重能力也开始令人刮目相看。

① 贝尔 UH-1"依洛魁" 1956年，美国

美国在越南战争中部署了 7000 多架
UH-1 直升机，它们甚至成了越南战
争的代名词。这些直升机满足了军队
对多功能飞机的需求，既能执行医疗
后送，又简单、坚固、易于维护。"休
伊"是 UH-1 更广为人知的名字，它
可以搭载 7 名乘客，或者是搭载 4 张
担架和 1 名医护人员。

② 西科斯基 UH-60"黑鹰" 1974年，美国

"黑鹰"直升机于 1979 年作为"休伊"
直升机的接班人进入美国陆军服役。它拥
有先进的航空电子设备，能够进行电子战，
还可以用作医疗后送飞机。"黑鹰"能够
搭载 11 名士兵，还有许多改型，至今仍
然在世界范围内运行。

③ 波音 AH-64"阿帕奇" 1975年，美国

尽管"阿帕奇"的原型机在 1975 年就完
成了首次飞行，但这种直升机直到 1986
年才进入军队服役。飞行员的头盔非常
先进，只要飞行员看向某处，机枪就会
指向那里，这在当时是革命性的技术。
美国陆军是"阿帕奇"直升机的最大客
户，此外，"阿帕奇"也是许多其他国家
的主要攻击直升机。

④ 卡莫夫 卡-50"黑鲨" 1982年，苏联

卡-50 独特的共轴式双旋翼系统消除
了对尾桨的需求，飞机因此变轻，并
可以完成特技飞行。这种攻击直升机
在 1995 年进入部队服役，主要是作为
一种全副武装的侦察直升机执行任务。
它是第一种量产的具有飞行员弹射系
统的直升机。

⑤ 阿古斯塔 - 韦斯特兰 AW101 1987年，英国/意大利

AW101，又名"灰背隼"直升机，于
1999 年投入使用。凭借先进的航空电子
设备、旋翼桨叶的独特设计和复合材料
的大量使用，"灰背隼"让其他直升机
黯然失色。这种中型直升机用于执行舰
载多功能任务和反潜作战。

大多数军用直升机都是用于部队运输。这些直升机能够在战场周围或飞机无法降落的周边地区运送人员的能力是一种巨大的战术优势。许多执行这种任务的直升机都易于改装，将座椅换成担架，就可以执行医疗后送的任务。直升机的多功能性还不止于此，许多军用武装直升机很容易配备武器来打击地面目标。一些攻击直升机放弃了搭载乘客的能力，以提供足够多的火力为主要任务。

军用直升机

速度极限

和飞机的机翼一样，直升机的桨叶在接近声速时也会受到不良影响。当直升机在空中飞行时，由于旋翼桨叶在不停旋转，桨叶的不同部分以不同的速度旋转。为了使直升机保持在空中，桨叶上方的气流必须保持亚声速。

叶尖速度

桨叶旋转时，运动最快的部分是它们的尖端，因为它们离旋转轴最远。右图是一架悬停中的直升机，它飞离了地面，但不向任何方向移动。所有的桨叶都以相同的速度运动，以相同的速度击打空气，产生相同的升力。

700 千米 / 时

700 千米 / 时

700 千米 / 时

700 千米 / 时

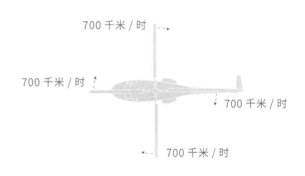

向前飞行

左图中的直升机正以 300 千米 / 时的速度向前移动。由于有迎面而来的气流，旋翼桨叶以不同的速度撞击空气，撞击的速度取决于它们在旋转中的位置。假设桨叶逆时针旋转，左边的桨叶正接近迎面气流，称为前进叶；在另一边，向机尾方向转动的是后退叶。考虑到迎面而来的风速，图上标出的是叶尖撞击空气的速度。我们可以看到，当直升机以 300 千米 / 时的速度飞行时，前进叶以 1000 千米 / 时的速度撞击迎面气流，这仅比声速低 200 千米 / 时。值得注意的是后退叶，因为它和迎面气流以相同方向移动，它的相对空速只有 400 千米 / 时。因此，直升机的飞行速度越快，后退叶一侧的桨叶产生的升力越小。

迎面气流速度：
300 千米 / 时

≈ 700 千米 / 时

400 千米 / 时

1 000 千米 / 时

≈ 700 千米 / 时

最快的直升机

我们可以看到，直升机的速度不仅受到飞机设计当时的技术限制、还受到其飞行器本质的限制。由于直升机的桨叶必须保持在声速以下，且飞行速度越快直升机受力越不平衡，目前性能最佳的直升机的最高速度约为 300 千米 / 时。

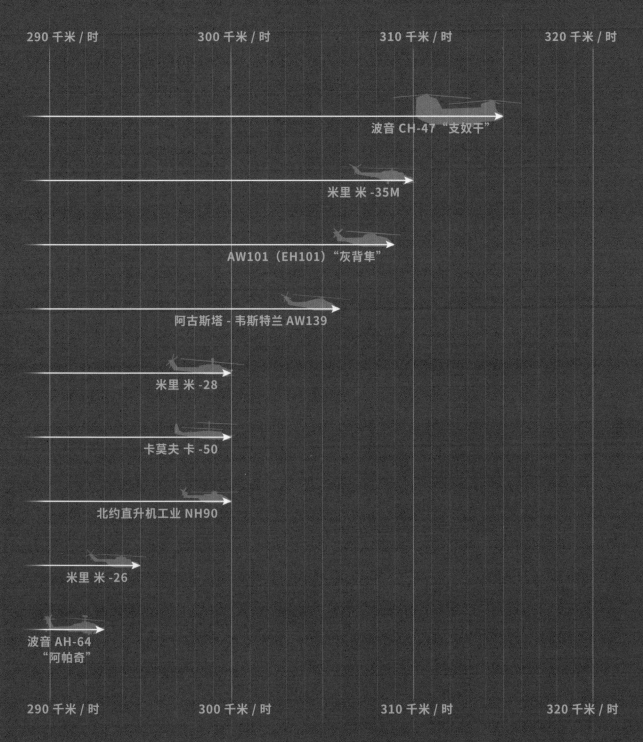

尽管我们可能已经破解了许多长久以来阻碍我们飞上天空的谜团，但未来依然任重而道远。对于飞行这门艺术，如果我们想追求卓越，就永远会面临新的挑战。在增加航程、提高速度和高度、增强机动性、提高效率等方面，都有值得追逐的新目标。我们全力以赴地制造更先进、更复杂的飞行器，已经促进了材料科学和计算机技术的进步，也使得空气动力学知识被广泛应用到了其他工业领域。人类的航空之旅将通向何方，还有哪些奇迹等待着我们去创造？时间将会给我们答案。

参考资料

The Aircraft Book by Philip Whiteman
Dorling Kindersley, 2013

The Big Book of Flight by Rowland White
Bantam Press, 2013

The Colour Encylopedia of Incredible Aeroplanes by Philip Jarrett
Dorling Kindersley, 2006

Flight: The Complete History of Aviation by R.G. Grant
Dorling Kindersley, 2017

Flight Performance of Fixed and Rotary Wing Aircraft by Antonio Filippone
Butterworth-Heinemann, 2010

General Aviation Aircraft Design – Applied Methods and Procedures by Snorri Gudmundsson
Butterworth-Heinemann, 2014

Jet Age by Sam Howe Verhovek
Penguin, 2010

Mechanics of Flight by A.C. Kermode
Longman Group Limited, 1987

The Simple Science of Flight by Henk Tennekes
MIT Press, 2009

Stick and Rudder: An Explanation of the Art of Flying by Wolfgang Langewiesche
McGraw-Hill, 1944

Understanding Flight by David Anderson, Scott Eberhardt
McGraw-Hill Education, 2009

Wings by Tom D. Crouch
Norton, 2004

图片来源

4-5(b/g) ©123rf.com: satina 6-7(b/g) ©123rf.com: Elena Noeva 9(cr) Wikimedia Commons: Leonardo da Vinci 9(bl) Wikimedia Commons: The Mechanics' Magazine 10(l) Wikimedia Commons: Unknown 22-23(m) Wikimedia Commons: John T. Daniels 24(cr) Wikimedia Commons: Orville and Wilbur Wright 24(bl) Wikimedia Commons: Cole & Co. 25(cl) Wikimedia Commons: Orville and Wilbur Wright 27(tl) Wikimedia Commons: Orville and Wilbur Wright 27(cl) Wikimedia Commons: Orville and Wilbur Wright 27(c) Wikimedia Commons: Orville and Wilbur Wright 27(cr) Wikimedia Commons: Orville and Wilbur Wright 32(t) Wikimedia Commons: J.Klank 32(cr)Wikimedia Commons: Tony Hisgett 33(t) Wikimedia Commons: Nieuport 33(c) Zack Scott 33(b) Wikimedia Commons: Bernard Spragg 46-47(b/g) ©123rf.com: Maciej Maksymowicz 46(tl) Wikimedia Commons: Michael Barera 46(cr) Wikimedia Commons: MichaelHL 46(br) Wikimedia Commons: Armchair Aviator's 47(tl) Wikimedia Commons: TimVickers 47(l) Wikimedia Commons: FlugKerl2 47(r) Wikimedia Commons: Linmhall 50(cr) Wikimedia Commons: dave_7 51(tl) Wikimedia Commons: Rlandmann 51(tr) Wikimedia Commons: BHeffmen 51(cl) Wikimedia Commons: CrispinLTH 51(b) Wikimedia Commons: Bill Abbott 54(tr) Wikimedia Commons: Harris & Ewing 54(bl) Wikimedia Commons: San Diego Air and Space Museum Archives 55(cl) Wikimedia Commons: USN 55(br) Wikimedia Commons: Royal Air Force 56(cl) Wikimedia Commons: Unknown 58-59(tl) Wikimedia Commons: Ad Meskens 58-59(bl) Zack Scott 59(br) Zack Scott 59(brf) Zack Scott 60-61(b/g) Alamy Images: Avpics 60(tl) Wikimedia Commons: FlugKerl2 60(tr) Wikimedia Commons: D Ramey Logan 60(bl) Wikimedia Commons: Cliff 61(tr) Wikimedia Commons: Blackcat 61(cl) Wikimedia Commons: user:jno 61(bc) Wikimedia Commons: Airwolfhound 64(t) Wikimedia Commons: Gero Brandenburg 64(cr) Wikimedia Commons: RuthAS 65(tl) Wikimedia Commons: Ken Fielding 65(cl) Wikimedia Commons: Towpilot 65(bl) Wikimedia Commons: Unknown 66-67(b/g) Zack Scott 70(tr) Wikimedia Commons: Airwolfhound 70(cr) Wikimedia Commons: Phil Vabre 70(bl) Zack Scott 70(br) Zack Scott 71(ftl) Wikimedia Commons: Unknown 71(tl) Wikimedia Commons: Alex Snow 71(cl) Wikimedia Commons: Bzuk 71(br) Zack Scott 74(tr) Wikimedia Commons: Towpilot 74(cl) Wikimedia Commons: Bryan Fury75 74(cr) Wikimedia Commons: Reggaeman 75(t) Zack Scott 75(c) Wikimedia Commons: Arpingstone 75(br) Zack Scott 78(tr) Alamy Images: Aero Archive 79(cl) Wikimedia Commons: Royal Air Force 79(cr) Wikimedia Commons: Unknown 79(br) Wikimedia Commons: Air Force Research Laboratory Propulsion Directorate 80(tr) Wikimedia Commons: Noop1958 80(cr) Wikimedia Commons: National Museum of the USAF official website 81(t) Wikimedia Commons: Adrian Pingstone 81(c) Wikimedia Commons: Bidgee 81(bl) Zack Scott 86-87(m) Wikimedia Commons: Arpingstone 91(m) ©123rf.com: Valery Inglebert 94-95(b/g) ©123rf.com: Chon Kit Leong 94(ftr) Wikimedia Commons: Ralf Manteufel 94(tr) Wikimedia Commons: Ralf Manteufel 94(cr) Wikimedia Commons: Lars Söderström 95(t) Wikimedia Commons: Arpingstone 95(tc) Wikimedia Commons: Jon Proctor 95(c) Wikimedia Commons: NASA/Joe March 96-97(b/g) ©123rf.com: Ruslan Kudrin 100(cl) Wikimedia Commons: Jeroen Stroes Aviation Photography 100(r) Wikimedia Commons: Juergen Lehle 100(br) Wikimedia Commons: Fernando.tassone 101(cl) Wikimedia Commons: Joe Rimensberger 101(cr) Wikimedia Commons: Robert Frola 101(br) Wikimedia Commons: Gzy84c 102(t) Wikimedia Commons: Cory W. Watts 102(cl) Wikimedia Commons: Rob Hodgkins 102(r) Wikimedia Commons: Alan Wilson 103(tl) Wikimedia Commons: x 103(tc) Wikimedia Commons: x 103(tr) Wikimedia Commons: Nick Dean 103(l) Wikimedia Commons: James 103(cl) Wikimedia Commons: Arpingstone 103(cr) Wikimedia Commons: Ahunt 103(r) Wikimedia Commons: Tomás Del Coro 107(m) Wikimedia Commons: Balon Greyjoy 108(m) Wikimedia Commons: Staff Sgt. Jacob N. Bailey, U.S. Air Force 111(m) Wikimedia Commons: Navigator-avia 112(m) Wikimedia Commons: Graham Haley 119(m) Wikimedia Commons: Yokohama1998 120(m) ©123rf.com: jvdwolf 126(tl) Wikimedia Commons: Jno-commonswiki 126(cr) Ministry of Defence 126(cl) Wikimedia Commons: NASA/Larry Sammons 127(tl) Wikimedia Commons: NASA/Jim Ross 127(r) Wikimedia Commons: Master Sgt. Andy Dunaway 127(cl) Wikimedia Commons: Brorsson 128-129(m) ©123rf.com: Artem Alexandrovich 135(m) Wikimedia Commons: US Navy/Mate 3rd Class Jonathan Chandler 136(m) Wikimedia Commons: Alf van Beem 138(t) Wikimedia Commons: Alf van Beem 138(c) Wikimedia Commons: Mike Burdett 138(br) Wikimedia Commons: Merom 139(t) Wikimedia Commons: Zack Scott 139(cl) Wikimedia Commons: Markus Halbig 140(tl) Wikimedia Commons: Cherpasc 141(tl) Wikimedia Commons: Juergen Lehle 143(m) Wikimedia Commons: Kiefer. 144-145(b/g) Wikimedia Commons: Chon Kit Leong 144(t) Wikimedia Commons: Tomás Del Coro 144(cr) Wikimedia Commons: Andy Mitchell 145(tl) Wikimedia Commons: NASA 145(l) Wikimedia Commons: GyrostatCC-BY-SA4.0 145(br) Wikimedia Commons: AEMoreira042281 148(m) Wikimedia Commons: Aleem Yousaf 152-153(m) Wikimedia Commons: Ragnhild&Neil Crawford 161(m) Wikimedia Commons: NASA 162(m) Wikimedia Commons: Airwolfhound 169(t) Wikimedia Commons: Robert Frola

著作权合同登记号：图字 02-2022-064

图书在版编目（CIP）数据

飞机视觉史 / (英) 扎克·斯科特著；李慕尧译
. -- 天津：天津科学技术出版社，2022.7（2023.7重印）
书名原文：Flight
ISBN 978-7-5742-0057-9

Ⅰ.①飞… Ⅱ.①扎… ②李… Ⅲ.①飞机 - 技术史
- 世界 Ⅳ.①V271

中国版本图书馆CIP数据核字(2022)第098984号

审图号：GS(2022)2375号

飞机视觉史
FEIJI SHIJUESHI
选题策划：联合天际·文艺生活工作室
责任编辑：杜宇琪

出　　版：天津出版传媒集团
　　　　　天津科学技术出版社
地　　址：天津市西康路35号
邮　　编：300051
电　　话：（022）23332695
网　　址：www.tjkjcbs.com.cn
发　　行：未读（天津）文化传媒有限公司
印　　刷：北京雅图新世纪印刷科技有限公司

开本 787×1092　1/16　印张16　字数80 000
2023年7月第1版第3次印刷
定价：128.00元